José Elguero:

ciencia, magisterio y compromiso social

José Elguero: ciencia, magisterio y compromiso social

Thema: PN

Edita: Ediciones de la Universidad de Castilla-La Mancha.

Los textos incluidos en esta antología se publican por cortesía de las editoriales de: Centro Superior de Investigaciones Científicas, Comunidad de Madrid, Consejería de Educación y Ciencia de Castilla-La Mancha, Fundación Lilly, Instituto de España, Real Academia de Ciencias Exactas, Físicas y naturales, Real Sociedad Española de Química, Residencia de Estudiantes, Universidad Autónoma de Madrid, Universidad de Aix-Marseille III, Universidad de Alcalá de Henares Universidad de Montpellier, Universidad de Oviedo, Universidad de Zaragoza, Universidad Nacional de Educación a Distancia, Universidad Técnica de San Petersburgo.

Colección Ediciones Institucionales n.º 155.

Unión de Editoriales Universitarias Españolas. Esta editorial es miembro de la UNE, lo que garantiza la difusión y comercialización de sus publicaciones a nivel nacional e internacional.

ISBN: 978-84-9044-797-0 (Edición impresa)
ISBN: 978-84-9044-798-7 (Edición electrónica)
ISSN: 3045-4581
DOI: https://doi.org/10.18239/ins_2026_155.00
D.L.: CU 72-2026

ISNI: 0000000506819532 (Ediciones UCLM)
ROR: https://ror.org/05r78ng12 (UCLM)

Este original fue sometido al proceso de selección del Comité Editorial del sello Ediciones de la Universidad de Castilla-La Mancha que valoró positivamente su publicación. Este libro está publicado en Acceso Abierto (ruta diamante) en el Repositorio Institucional RUIdeRA, handle: https://hdl.handle.net/10578/47654

Imprime: Trisorgar SL
Hecho en España (U.E.) – *Made in Spain (E.U.)*

José Elguero:

ciencia, magisterio y compromiso social

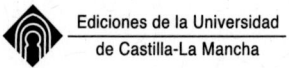

Ediciones de la Universidad
de Castilla-La Mancha

Cuenca, 2026

Índice

Presentación

Julián Garde López-Brea
Rector

Aún conservo una libreta con las reflexiones que escuché a José Elguero una de las primeras veces que tuve la suerte de disfrutar de sus palabras. Iban dirigidas a jóvenes con inquietudes investigadoras y, en resumen, venían a decir que hay que ser ambiciosos, pero, sobre todo, tener valores éticos, pensar en la sociedad más que en uno mismo. Una frase, una idea, que condensa en pocas palabras su manera de entender la investigación: la ciencia como aspiración noble y, a la vez, como responsabilidad pública, porque sus efectos, para bien o para mal, siempre recaen sobre los demás.

Este volumen reúne algunos de sus discursos con un propósito sencillo y, a la vez, necesario: poner en valor una voz que ha sabido hablar de ciencia sin encerrarla en el laboratorio. Quien lea estos textos encontrará, desde el inicio, una idea constante: Elguero concibe el conocimiento como un trabajo paciente y colectivo, y no como un trofeo individual. Ese "pensar en la sociedad" del que habla no es un lema retórico, sino un criterio de orientación: para qué investigamos, cómo decidimos qué vale la pena, por qué es tan tremendamente importante y necesaria la investigación.

Elguero ha ocupado posiciones institucionales de primer nivel -entre ellas, la presidencia del Consejo Superior de Investigaciones Científicas (CSIC)- y ha participado activamente en espacios académicos de referencia. Pero lo verdaderamente interesante y provechoso, al leerlo, es comprobar que la autoridad no se le vuelve distancia, sino impulso pedagógico: explica, contextualiza, compara, pregunta. Ahí se reconoce al magnífico divulgador: alguien que toma en serio al lector y que entiende que una institución pública -universidad, centro de investigación, academia- no se justifica solo por lo que produce, sino por lo que comparte.

La trayectoria investigadora de José Elguero confirma, además, que su figura trasciende con amplitud el marco de una disciplina concreta. El reconocimiento de numerosas universidades que lo han distinguido como doctor honoris causa habla de una autoridad intelectual construida no solo con resultados, sino también con capacidad de orientación. En el caso de nuestra Universidad de Castilla-La Mancha, por ejemplo, su vínculo ha sido explícitamente celebrado y forma parte de una relación sostenida con grupos de investigación y proyectos compartidos. Ese tipo de reconocimiento no se explica únicamente por el currículum (que también), sino por la huella: por lo que una voz así deja cuando entra en una comunidad académica y la invita a mirarse con honestidad, ambición y sentido de servicio.

Hay, por último, una razón especialmente pertinente para publicar estos discursos en nuestro servicio de publicaciones: porque son la manera más atractiva que se me ocurre para explicarnos, y especialmente para explicar a las generaciones más jóvenes, qué significa investigar. Entre la caricatura del científico aislado y el espejismo del "éxito" inmediato, Elguero propone una tercera vía: la investigación como oficio con vocación pública. Un oficio que necesita instituciones sólidas, sí, pero también personas con carácter: capaces de desear "cosas importantes" sin perder de vista la honestidad; capaces de competir sin olvidar la cooperación; capaces de innovar sin despreciar la paciencia.

Este libro, en suma, se ofrece como una invitación. A los jóvenes, a quienes Elguero les recuerda que la ciencia es una forma de vida que pide grandeza interior, ambición bien entendida, ética sin atajos, mirada social. A la sociedad, porque nos abre una puerta para comprender que la investigación no es un mundo ajeno, sino un bien común que se construye con recursos públicos, con debate y con responsabilidad.

Que estos discursos se reúnan ahora no es un gesto de archivo, sino de continuidad. La palabra de José Elguero -entusiasta, cuidadosa, enérgica- nos recuerda que la ciencia no solo se hace: también se explica, se defiende y se comparte. Y que, si olvidamos su dimensión ética, como el propio autor reflexiona a menudo, el conocimiento puede perder su mejor destino: servir, de verdad, a la sociedad.

Introducción

José Elguero Bertolini

La cultura moderna crece vertiginosamente, mientras la pobre máquina cerebral, herencia milenaria de la especie, parece estacionada o se modifica con una lentitud desesperante. .... La índole de este libro me ha obligado a hablar de mí mismo, poniéndome como ejemplo de las desventuras y tribulaciones de un anciano trabajador. El "yo" —lo sé de sobra— se juzga orgulloso y antipático.

Santiago Ramón y Cajal, *El mundo visto a los 80 años: Impresiones de un arteriosclerótico.*

Yo nací en 1934, el mismo año en que falleció Cajal. Pocos meses antes de fallecer escribió *"El mundo visto a los 80 años"*. Han transcurrido, más o menos, 90 años. La esperanza de vida de 1934 a 2026 ha pasado de 55 a 80 años. Los progresos de la medicina y de la sociedad han sido tan extraordinarios que una persona de 90 años hoy está en mejor condición física y mental que una de 80 en 1934. Ya no tiene que limitarse a trabajar cuatro horas al día como don Santiago cuenta en su libro. Los ordenadores son más completos y muchísimo más rápidos que la mejor biblioteca y estamos a punto de entrar en una revolución que hará que una niña que nazca hoy, cuando cumpla 90 años, será tan diferente de mi como yo lo soy de Cajal.

¿Sería capaz de escribir un libro como *"El mundo visto a los 80 años"* aunque no sea arteriosclerótico? Pues obviamente, no. Cajal era un genio y aunque fuera de su ciencia era bastante prosaico, su gran cultura, su prodigiosa memoria, su sentido del humor y su algo de mal genio, hacen su libro inigualable.

¿Cuánta gente lo ha leído? Pues muy poca. El mundo ha cambiado mucho y sus críticas a la pintura de Picasso o de Gutiérrez Solana, a las mujeres y sus modas, a la aviación, o la situación política respeto a Cataluña o a Euskadi, irritan o hacen sonreír.

¿Qué sentido tiene publicar mis discursos o mis artículos generales? Desde luego, mis publicaciones científicas están en diferentes bases de datos y allí permanecerán, salvo catástrofe nuclear, cientos de años. La inmensa mayoría, sino todas, serán olvidadas. Las de este libro, las más generales, pues también. Gracias a este libro, su vida se prolongará unos años. Por ello estoy muy agradecido a Enrique y a Antonio, al Magnífico Señor Rector, don Julián Garde, y a todas las personas de la Universidad de Castilla-La Mancha, que lo han hecho posible. A pesar de su fugacidad, para mí es un magnífico regalo. Es como si la vida tuviera un cierto sentido.

De él, destacaría los discursos de investidura a los Doctorados *Honoris Causa*, en particular el que leí aquí el 12 de noviembre de 1999, hace poco más de 25 años. En él, más que en otros, fui transparente de mi persona interior. Malraux, Saint-Exupéry y Lillian Helman a propósito de Dashiell Hammett, eran y son parte de mi vida. Allí la encontrarán, en otros doctorados y otros recuerdos, que establecerán una complicidad entre el que lo escribe y el que lo lee, una especie de contrato. Espero que lo lean, si no qué sentido tendría este libro, y que no les irrite, pues hay tantas personas como personalidades.

En mi vida he intentado no ofender a nadie, pues así me educaron, pero también a ser claro. No a decir "sería conveniente que considerásemos la posibilidad en un plazo no excesivamente largo de modificar..." sino "es necesario suprimir ya..." Pero estos discursos estaban escritos para ser oídos, no para ser leídos. Si algún comentario les choca, espero que no lo tomen a mal.

Debo agradecer a madrinas y padrinos el tiempo que han dedicado a hacer posible los Doctorados *Honoris Causa*. Solo voy a citar a aquellos dos que, aun siendo mucho más jóvenes que yo, ya no están entre nosotros, Carlos Cativiela de Zaragoza y José Manuel Concellón de Oviedo.

También, a las conversaciones en casa con Rosa sobre pirazoles ante la mirada sorprendida y un poco desaprobadora de los niños.

Esta universidad se fundó hace unos 40 años. Yo presidí el CSIC en 1983-1984, hace más o menos el mismo tiempo. Hizo falta valor para crear esta universidad. Les voy a contar algo que ocurrió en aquella época. En el año 1984 Mariano Barbacid, doctor en ciencias químicas, fue nombrado Profesor de Investigación del CSIC, cargo que no llegó a ocupar. Le habíamos ofrecido locales, colaboradores, becarios, proyectos, ... pero prefirió volver al Departamento de Oncología en el Instituto Nacional del Cáncer de Maryland. Cuando nos dio sus razones, nos dijo "es que en el pasillo donde está mi despacho hay dos Premios Nobel". Mucho más tarde volvió a España, al CNIO, pero ya más como gestor que como científico. Fue duro que nos recordase qué lugar ocupaba España dentro del orden mundial de la ciencia.

Cuando se fundó la Universidad de Castilla-La Mancha fue necesario el valor que otros no tuvieron. Se iba a tener que competir con las grandes universidades españolas. Crear algo nuevo. Y se hizo. Y se consiguió. Porque una serie de personas se comprometieron a dedicarse en cuerpo y alma a esa tarea.

Ha escrito Juan Sisinio Pérez Garzón: "*Una sociedad se reconoce en la universidad que construye. No en la que idealiza, no en la que recuerda con nostalgia, sino la que sostiene, financia, defiende en el presente.... La igualdad no se proclama, se construye con instituciones. Crear la UCLM ha supuesto quizás la política de cohesión social más transformadora de todo el periodo autonómico*".

Convencido de que el futuro de la humanidad depende de la ciencia y de que la ciencia se enseña en las universidades, sirva este libro como homenaje a mi querida Universidad de Castilla-La Mancha.

Capítulo 1.

Ciencia y magisterio
Lecciones magistrales como Doctor Honoris Causa

«Discurso de investidura de Doctor "Honoris Causa"»
Universidad Autónoma de Madrid, 1999

Magnífico y Excelentísimo Señor Rector.
Excelentísimos e Ilustrísimos Señores.
Compañeros y amigos.
Señoras y Señores.

Cuando presido un tribunal de tesis doctoral, a veces digo que cuando se alcanza el grado de doctor, el candidato se convierte, para siempre, en uno de nosotros y que, para un universitario, no hay grado más alto. Que luego llegue uno a ser Decano, Rector o Ministro de Educación, son altas funciones, pero funciones pasajeras. Incluso los premios más prestigiosos, no llevan consigo algo más allá de ser doctor. Por ello, el acto debe de estar rodeado de la solemnidad y de la emoción de algo irrepetible.

Yo obtuve mi doctorado en Montpellier en 1961 y aún recuerdo esa mezcla de angustia y de excitación que acompaña al día en que uno defiende su tesis doctoral. Luego, en 1977, gracias a la ayuda de la Dra. Carmen Pardo, conseguí la convalidación de mi título francés en la Universidad Complutense, pero claro, ya desprovisto de aparato y emoción.

Debo decir que la ceremonia de hoy tiene para mí, casi cuarenta años después, las componentes alegres, angustiadas y orgullosas, de mi primer doctorado. Que la Universidad Autónoma de Madrid me invite a formar parte de su colegio invisible de doctores me emociona profundamente.

Dado que los humanos somos vanidosos y los científicos aún más, uno espera cierto reconocimiento, pero nunca imaginé que este acto pudiese tener lugar. No voy a dar las gracias a todas las personas que me han ayudado, no los podría siquiera enumerar en el tiempo previsto para esta ceremonia: he sido muy afortunado en el dominio de la amistad. Pero no puedo dejar de nombrar al Dr. José Luis Lavandera, quien se atrevió a imaginar lo impensable, y al Profesor Javier de Mendoza, quien ha cargado con el peso de la organización además de haber aceptado ser mi padrino y quien, con su bien conocido sentido del humor, ha hecho más llevadera la ceremonia.

El carácter solemne de este acto y mi edad avanzada (¡incluso para un químico!) me dan licencia para una cierta solemnidad en mis palabras. Mi idea inicial era hablar de las relaciones entre el Consejo Superior de Investigaciones Científicas y la Universidad. El azar o más bien, una vez más, la amistad, han hecho de mí una de las pocas personas que han sido sucesivamente Presidente del C.S.I.C. y Presidente del Consejo Social de una Universidad: ésta en la que estamos hoy reunidos. Si no autoridad, ello me da una cierta experiencia, una cierta perspectiva: ver al Consejo con los ojos de la Universidad y ver a la Universidad con los ojos del Consejo. Considero que el tema es de suma importancia para la ciencia y la tecnología de este país que es el nuestro. Pero es un tema difícil, técnico al cual le falta la emoción que yo siento en un día como hoy. Que quede constancia, sin embargo, de mi deseo de contribuir a profundizar en las relaciones entre el C.S.I.C. y la U.A.M.

Otra posibilidad era aprovechar esta oportunidad para hablar de la química orgánica o, más generalmente, de la química española, tema que viene preocupando a muchos de nosotros desde antiguo, como testimonian las "Conversaciones de Santander" (de 1986) o mi intervención en la reunión del Grupo de Química Orgánica que tuvo lugar en La Toja en 1981, y que, sorprendentemente, alguna persona aún recuerda. Hay un malestar, en muchos difuso, en algunos muy agudo, acerca de como se encuentra nuestra disciplina en este momento. Y lo que es mucho más preocupante, acerca de sus perspectivas. Las preguntas son: ¿qué química tendrá España el siglo que viene? ¿Nos acercaremos, mantendremos la distancia o nos alejaremos del resto de Europa? ¿Se incorporarán todas las personas que lo merecen al sector ciencia-tecnología español? Pero también he renunciado a hablar de ello, porque no estoy seguro de ser la persona más adecuada, aunque sí estoy deseoso de participar en ese debate. Más aún, y ya no estoy hablando como químico, me gustaría luchar para que España sea una gran nación científica que cuente entre sus filas con las personas, muchas de ellas brillantes, que hoy día viven en la incertidumbre y el desánimo.

En lugar de todo ello, voy a hablar de mi experiencia como científico. No es cuestión de glosar mi vida. Sólo un pequeño boceto. Cuando acabé la carrera en Madrid, me fui a Francia, a una pequeña ciudad llamada Grasse, cerca de Cannes y de Niza. Posiblemente hayan ustedes oído hablar de ella, pues tuvo su hora de celebridad con la publicación, en 1985, de la novela de Patrick Süskind *"El perfume"*. Les voy a leer unos párrafos, pues coinciden con mis recuerdos. En principio, el personaje, un tal Grenouille, visita Grasse en 1756, pero sospecho que la descripción corresponde a las impresiones del propio Süskind hacia 1980, lo cual explica que coincidan con las mías de 1957.

Leo: *"Este lugar, a la vez modesto y consciente del propio valor, era la ciudad de Grasse, desde hacía varios decenios indiscutida metrópoli de la producción y el comercio de sustancias aromáticas, artículos de perfumería, jabones y aceites ... La ciudad era una Roma de los perfumes, la tierra prometida de los perfumistas y quien no había ganado aquí sus espuelas, no tenía derecho a llevar este nombre".*

Grenouille, dice el autor, *"Había venido porque sabía que aquí se aprendían mejor que en ninguna otra parte las técnicas de la extracción de perfume".* Grenouille *"Pasó toda la tarde vagando por las calles. El lugar estaba increíblemente sucio, a pesar o tal vez a causa de la gran cantidad de agua que, procedente de docenas de manantiales y fuentes, bajaba gorgoteando hacia la ciudad en anárquicos regueros y arroyuelos que minaban las calles o las cubrían de fango".*

"La esencia pura de las flores, su perfume absoluto, concentrado cien mil veces en una pequeña cantidad de essence absolue. Esta esencia ya no tenía un olor agradable; su intensidad era casi dolorosa, agresiva y cáustica".

Yo pasé allí unos meses aprendiendo, ya lo puedo adelantar, sin mucho éxito, el oficio de perfumista. Encerrado en una habitación con las estanterías llenas de frascos con soluciones etanólicas de diferentes "aceites esenciales", debía tratar de memorizarlos. Por las tardes, pasaba uno de los perfumistas, mojaba unas tiritas de papel de filtro en alguno de aquellos frascos, los agitaba suavemente para que el alcohol se evaporase y me los daba a oler, para que dijera de qué se trataba. Esencia de geranio, de jazmín, de rosas de Bulgaria, ... esencia de lavanda. ¡Muy bien! ¿Pero, de que clase de lavanda? ¿De la que se cosecha a 1000 metros o a 1500 metros? Aunque con el rabillo del ojo intentaba saber en qué frasco había mojado las tiras (mouillettes se llaman), mis respuestas le llenaban de tristeza y a mí de desánimo.

De vuelta a España me detuve en la ciudad de Montpellier, célebre porque Rabelais había estudiado medicina en su Universidad. Surgió la posibilidad de hacer una tesis en química orgánica. La primera reacción que hice consistía en mezclar dos soluciones alcohólicas de un sólido amarillo pálido y de un líquido incoloro (que previamente había destilado). Después de un pequeño calentamiento, que nosotros denominamos reflujo, la solución se volvió rojo oscura y, al enfriarse, unos preciosos cristalitos naranja se separaban y caían al fondo del recipiente.

No se pueden imaginar la alegría que sentí entonces (no olviden que corría el año 57 y que yo tenía poco más de veinte años) y que ya nunca olvidé. Lo mío no era ser perfumista, sino químico orgánico. Aquellos cristales naranja, que aún conservo, no existían en la tierra (ni presumiblemente en el universo) antes de que yo hiciera la reacción. Eso es en esencia la química: crear.

Ello ha sido durante muchos años el motor de mi vida como científico: crear compuestos nuevos y ver qué propiedades tenían. Más tarde, predecir ciertas propiedades de compuestos desconocidos, prepararlos, estudiar sus propiedades reales, compararlas con las predicciones y refinar así sucesivamente el modelo. Hoy día, entiendo a Charles Robert Darwin cuando escribía "*Mi espíritu parece haberse vuelto una especie de máquina que sólo sirve para extraer leyes generales de grandes acopios de hechos*".

Darwin me lleva a hablar de las condiciones necesarias para dedicarse a la investigación. Con ocasión del nacimieto de la revista *Nature*, su primo Francis Galton, autor de un libro llamado "*Heriditary Genius*", le escribió para conocer su opinión acerca de dicho libro. Darwin le contestó "*Yo he mantenido siempre que exceptuando los retrasados mentales, los hombres no difieren mucho en intelecto, sólo en celo y trabajo duro*".

Tal se veía a sí mismo uno de los mayores genios que ha producido la humanidad.

Nuestro Cajal en su discurso de ingreso en la Academia de Ciencias "*Reglas y consejos sobre investigación científica*" de 1897, en una nota de 1923, cuando ya era Premio Nobel (1906) añade: "*El que esto escribe, el más humilde de los profesores españoles ...*" cita quizá demasiado modesta y que refleja la retórica decimonónica. Pero es bien conocido lo que escribe en otro lugar del citado libro: "*En la mayor parte de los casos, eso que llamamos talento genial y especial, no implica superioridad cualitativa, sino expeditiva, consistiendo solamente en hacer deprisa y con brillante éxito lo que las inteligencias regulares elaboran lentamente, pero bien. En vez de distinguir los entendimientos en grandes y pequeños, fuera preferible y más exacto (al menos en muchos casos) clasificarlos en lentos y rápidos. Los entendimientos rápidos son ciertamente los más brillantes y sugestivos, son insustituibles en la conversación, en la oratoria, en el periodismo, en toda obra en que el tiempo sea factor decisivo, pero en las empresas científicas, los lentos resultan tan útiles como los rápidos, porque el científico, como el artista, no se le juzga por la viveza del producir, sino por la excelencia de la producción.*"

Si no es, al menos únicamente, la viveza, ¿que es lo que necesita un científico? Podrá parecer sorprendente, pero mi modelo de científico no lo he encontrado en las biografías o autobiografías de grandes sabios, sino en un general ruso, el General Ivan V. Panfilov.

Escribe Sir Peter Medawar en "*La República de Pluto*" (1982) a propósito de la vida de J. B. S. Haldane (presentada como una excepción) "*Las vidas de los científicos, consideradas como «Vidas», casi siempre son de lectura aburrida. Por un lado, las carreras de los famosos y las de los sencillamente ordinarios siguen los mismos patrones, con un grado honorario de más o de menos o, en Europa, con alguna distinción honorífica. No podía ser de otra manera. Los universitarios raramente pueden llevar vidas que sean grandes o excitantes en un sentido mundano. Su trabajo no se vuelve más profundo o más pertinente a causa de privaciones, angustias o vaivenes de la existencia. Sus vidas privadas pueden ser desgraciadas, extrañamente mezcladas o cómicas, pero de ninguna manera nos dan información relevante acerca de la naturaleza o sentido de su trabajo.*"

Los científicos se sitúan fuera del área devastadora de las convenciones literarias, según las cuales, las vidas de los artistas y hombres de letras son intrínsecamente interesantes, una fuente de cultura en sí mismas. Si un científico viniese a cortarse la oreja nadie lo consideraría una prueba de sensibilidad exacerbada".

Habla Alexandre Bek en su libro "*Algunos días*" (1960) sobre el Mayor-General Ivan Vasilievitch Panfilov (muerto en noviembre de 1941 en la defensa de Moscú) y lo describe de esta manera "*Vivía sólo para esa idea. Lo poseía: un nuevo dispositivo, un orden de batalla inédito. Volvía siempre, sin cesar. Encontré un día en un libro la expresión "meditación incansable". Creo que conviene perfectamente. Un jefe militar, que sea un creador, pasa incansablemente su tiempo a sopesar, a imaginar todos los aspectos que podrá tomar la batalla que le espera*". Y más tarde escribe Bek: "*Podía hablar de cualquier cosa, sus pensamientos volvían siempre a la batalla que nos esperaba. Una meditación ininterrumpida, la gestación de la idea de combate*".

Si han visto ustedes Robin Hood: Príncipe de los Ladrones recordarán la secuencia de la flecha que se dirige a su blanco. Como esa flecha era Panfilov y debe de ser un científico. Nada debe distraerle por mucho tiempo. Quizá el peligro mayor, la mayor tentación, la más difícil de resistir para un científico joven, sea la política, la del país o la de la ciencia, tanto da.

El modelo de conducta que acabo de describir se parece mucho al denominado en psiquiatría "patrón A". La doctora Rosa Sender en su libro de 1997 "*El trabajo como adicción*" caracteriza dicho patrón como "*Necesidad de conseguir objetivos y de competir, además del reconocimiento social subsiguiente; propensión a acelerar la realización de cualquier tarea; un exagerado estar alerta e implicarse en múltiples actividades a plazo fijo*". Es conocido que tal tipo de conducta implica un importante factor de riesgo coronariopático acompañado de probabilidades de muerte por infarto de miocardio.

Yo no creo que el modelo que siguen muchos científicos (aunque no se refiera a ellos el texto citado) sea peligroso. En todo caso la longevidad de muchos químicos es bien conocida: Barton, Brown, Olah, Roberts, por no hablar de Pauling. Y aunque hubiera un pequeño riesgo, sería perfectamente asumible.

Los montañeros dicen *"De la muerte en los valles, !líbranos Señor!"*. Y en las montañas han muerto muchos de ellos (Buhl, Harlin, Günther Messner), algunos en plena juventud como Ernesto Navarro y Alberto Rabadá, en la cara norte del Eiger. Eso no impide que cada año muchos otros lo intenten.

No estoy defendiendo un modelo de investigador ajeno a todo otro conocimiento, cultura o preocupación, un investigador filisteo. No sería muy ilustrativo decir que a mí hay muchas cosas fuera de la química que me interesan. Más significativo es recordar que Jean Marie Lehn es un buen pianista y organista o que Richard Ernst es uno de los grandes expertos europeos en arte tibetano.

Lo que sí es peligroso, por incompatible, al menos por largos períodos, es la pasión por la política, nacional o científica, por la gestión, por la administración. Cuando Jean-Marie Lehn toca el piano o cuando Richard Ernst contempla un "Mandala", descansan. Cuando se sale de cuatro horas de discusión en una Junta de Gobierno, intenta uno hacer química para descansar. Una cosa es asumir sus responsabilidades y otra disfrutar con ello.

Con esta declaración de intenciones, que yo mismo no he respetado, sólo me queda agradecerles, muy sinceramente, la atención prestada.

«Discurso de investidura de Doctor "Honoris Causa"»
Universidad de Castilla-La Mancha, 1999

Magnífico y Excelentísimo Señor Rector.
Excelentísimos e Ilustrísimos Señores.
Compañeros y amigos.
Señoras y Señores.

En los Pirineos navarros, en la frontera con Francia, se encuentra el epitafio de un espeleólogo vasco-navarro que falleció en 1971, a los cuarenta y tres años de edad, en la sima Lonné-Peyret. Se quedó bloqueado bajo una cascada subterránea y murió de hipotermia. En el epitafio, situado en el pozo Lépineux, una de las entradas de la sima de la Pierre Saint Martin, pone en euskera:

> Katemaila ez da gauza,
> Narkatea da beharrezkoa

Y debajo en castellano:

> El eslabón no es nada,
> lo que cuenta es la cadena

Esa, parece ser, era una frase que Félix Ruiz de Arcaute van de Stucken gustaba de decir a sus compañeros de aventuras subterráneas.

A mí, esa frase me hace pensar en que la ceremonia de hoy es sólo el eslabón de una cadena que se extiende hacia un futuro muy lejano, formado por parejas "doctorando-padrino" y enlazadas por padrinos recibiendo en su día un Doctorado *Honoris Causa*. Hacia atrás, las cadenas están rotas por nuestra guerra civil. Estoy seguro que todos coincidimos en desear que hacia el futuro no se vuelvan a interrumpir. Para ello, los españoles debemos aprender a perder y, lo que es más difícil, a ganar.

Esa delgada línea roja que yo veo alejarse de mí, hasta perderse en el horizonte, me lleva a hablar de ese futuro que no conoceré. A mí me parece que no hemos llegado al fin de la historia como pretende Francis Fukuyama. Ni siquiera que este mundo esté lo bastante cercano a la perfección como para que basten pequeños retoques. Cerca y lejos, hay zonas del mundo donde la miseria y el sufrimiento son insoportables. Cuando veo el SIDA diezmando la población de Africa Central, dudo que el sistema social que hemos elegido tenga la capacidad, ni siquiera el deseo, de buscar una solución global.

Yo he escrito muchos trabajos de química y algunos de meta-química o de para-química. Incluso en estos últimos, destinados a revistas de divulgación, revistas profesionales o catálogos de exposiciones, siempre he mantenido el principio que me enseñaron: nada personal, el autor no debe ser identificable. Recientemente leía las memorias de Ernesto Sábato *"El final"* (1998). En ellas habla de esos actos humanos que, a él, en su invernal religiosidad, le parecen testimonios de lo Absoluto, razones para creer en los seres humanos. Todos tenemos ese tipo de recuerdos que nos hacen creer que mientras ese comportamiento no sea el mayoritario de los humanos, no habrá llegado el final de la historia.

Cuando llegué a Montpellier, a hacer mi tesis doctoral, en un episodio que ya he contado en otra ocasión, conocí al que iba a ser mi director de tesis, el Profesor Robert Jacquier. No se trataba de un químico excepcional (hoy apenas nadie le recuerda, aunque aún frecuenta su despacho en la Universidad) pero sí de una persona de alta inteligencia, de una gran claridad de ideas y de un espíritu perfectamente ordenado. Los franceses, siguiendo a Pascal, distinguen dos tipos de inteligencia: el espíritu de geometría y el espíritu de fineza. Jacquier los poseía ambos.

El me enseñó el método científico, incluido cómo redactar una publicación de química. La química que aprendí entonces está muy superada; cómo escribir un artículo, no lo está. Cuarenta años después, salvo el idioma, entonces el francés y ahora el inglés, sigo utilizando las mismas pautas. Aprendí entonces, como hoy todos sabemos, que una publicación científica debe ser redactada tratando de hacer llegar al lector la mayor cantidad de información en el menor espacio posible, evitando cuidadosamente todo dato anecdótico, toda alusión personal. Claro, conciso y frío. Nada debe quedar del que la escribió como ser humano. Sólo la obra cuenta. Así es que a lo largo de tantos decenios y a lo largo de tantas publicaciones, nada personal queda de mí en mis publicaciones.

Sin embargo, a los científicos, como a los demás seres humanos, hay cosas fuera de su profesión que les apasionan o les conmueven. Tengo la impresión de que un acto como el de hoy es una de las pocas, poquísimas, oportunidades que tengo en las que hablando a título de químico puedo, con su permiso, tratar de otras cosas. En mi caso hay tres sucesos que han tenido un gran efecto en mi vida, pero, como para muchos intelectuales, no tres cosas que me han sucedido: son tres cosas que he leído. Son sucesos que cubren lo real, lo real novelado y lo imaginario inspirado en lo real. Son tres historias diferentes, pero con algo en común, como espero que sea obvio después de habérselas contado. Son historias conocidas, que muchos recordarán y algunos pocos, espero, descubrirán.

La primera es una historia imaginaría, aunque basada en hechos reales. La cuenta André Malraux en *"La condición humana"*. En marzo-abril de 1927 hubo una insurrección armada en Shangai, en la que participó Mao Tse-toung. La insurrección fracasó debido a que el mariscal Chang Kai Shek no sólo no les apoyó, sino que se puso a la cabeza de la represión. Al final del libro, Malraux cuenta cómo doscientos heridos comunistas esperaban que viniesen a acabar con ellos. El modo de ejecución era particularmente odioso: los quemaban vivos en las calderas de las locomotoras de una estación cercana. Los revolucionarios profesionales, el chino-japonés Kyo, el ruso Katow, llevaban pastillas de cianuro. Es de noche: Kyo se suicida. Katow, malherido, va a hacerlo, pero dos jóvenes chinos están aterrorizados. Souen empieza a hablar *"Quemado. Ser quemado vivo. Los ojos también. Los ojos, comprendes..."*, *"Los ojos también... cada dedo, y el vientre, el vientre..."*.

Entre los indicios de esperanza que cita Sábato en sus memorias, están las de aquellas personas que dan su vida para salvar a otras, incluso entrando en una casa en llamas para salvar a un niño. Lo que hace Katow es dar su muerte, cuando partiendo su pastilla en dos, da las mitades a los dos muchachos. A mí eso me parece aún más difícil que dar la vida.

Cuenta Antoine de Saint Exupéry en *"Tierra de los hombres"* que cuando encontró a su amigo Guillaumet, desaparecido en accidente aéreo desde hacía cincuenta horas, la primera frase que éste dijo fue: *"Te lo juro, lo que he hecho, jamás lo hubiera hecho ningún animal"*.

Se trata de un hecho real. En los años lejanos de la Aéropostale, una serie de pilotos franceses, Mermoz, Guillaumet, Saint-Exupéry, crearon una compañía aérea para llevar el correo entre Europa y países lejanos. Después de superar las dificultades de sobrevolar el Sahara, intentaron establecer la línea Santiago de Chile-Buenos Aires-Francia.

No voy a traducir el hermoso texto original, sino resumirles la historia de Guillaumet. El éxito de la nueva línea dependía de la rapidez y regularidad con que viajaba el correo. Así es que un día de 1930, a pesar de que hacía muy mal tiempo, Guillaumet despegó de Santiago. En medio de los Andes, la tempestad le obligó a hacer un aterrizaje forzoso, que destrozó el avión, en una laguna helada rodeada de los más altos picos de la cordillera. Sabiendo que moriría de frío si se quedaba en el avión y que la tempestad impediría a los otros pilotos encontrar sus restos, se puso a andar en dirección a Argentina sin comida ni otro equipo que su brújula, una navaja, los guantes y su casco de piloto.

No se podía parar, porque si se paraba, se dormiría y moriría. Así es que anduvo un día y una noche, pasando por puertos a cinco mil metros de altura. Con la navaja, se iba haciendo cortes en las botas, pues sus pies, al congelarse, se hinchaban. Hambriento, su corazón, por momentos, se paraba. Perdió un guante. Luego su reloj, su brújula, su navaja. Pero siguió andando. Otro día y otra noche. Pensaba que era lo que sus compañeros esperaban de él.

El tercer día, después de tener que retroceder varias veces al encontrar precipicios al otro lado de su camino, perdió la esperanza de que lo encontrasen con vida. Llegó un momento, en que tras otra caída, decidió no volver a levantarse y dejarse morir. Pero resultaba que había caído en una ladera y cuando llegase el deshielo, su cuerpo sería arrastrado a un barranco y nunca lo encontrarían. Recién casado, había suscrito una elevada póliza de seguros. Era todo cuanto su mujer tendría para vivir. Pero el contrato especificaba que sólo entraría en vigor cuando se hallase el cadáver.

En uno de los más bellos ejemplos de solidaridad, Guillaumet, viendo una roca sin nieve un poco más allá, se levantó para ir a morir sobre ella.

Una vez alcanzada, siguió andando y, unas horas después, unos pastores argentinos lo encontraron casi sin vida.

Cuando Saint-Exupéry aterrizó cerca de la aldea donde estaba su amigo, éste le abrazó llorando, y lo primero que le dijo fue: *"Te lo juro, lo que he hecho, jamás lo hubiera hecho ningún animal".*

La última historia que voy a contarles es también real. La encontré en unas notas finales de Lillian Hellman sobre el que fue su compañero, el escritor americano Dashiell Hammett, escritas para una novela póstuma de éste. Hammett, después de una época de éxito y despilfarro que corresponde a su período de Hollywood, pasó a vivir con muchas dificultades debido a tres razones: perdió el poder creativo, enfermó gravemente y fue condenado por el Comité de Actividades Antiamericanas del Senador Joseph McCarthy. Ahora voy a leerles el corto texto de Lillian Hellman: *"Algunos años después de mi encuentro con Dash, el dinero que Hollywood le entregó a profusión se había esfumado, dispersado, gastado en mí, que no estaba de acuerdo, y en otros, que sí lo estaban. Creo que Hammett ha sido la única persona que he conocido que no se preocupaba nunca del dinero, que no se quejaba nunca, que no manifestaba ninguna añoranza cuando ya no quedaba más. Quizá sea más fácil renunciar al dinero que a las cosas que deseamos. Un día, años más tarde [vivían en una casa en el campo], Hammett se compró un arco muy caro en una época en que dicho gesto significaba renunciar a otras cosas para obtenerlo. Acababa de recibir el arco ese día y lo ensayaba, lo manipulaba encantado con su adquisición, cuando unos amigos llegaron con su hijo pequeño, de unos diez años de edad. Dash y el crío pasaron la tarde con el arco y la cara del niño se descompuso cuando tuvo que abandonarlo. Hammett abrió la puerta trasera del coche, colocó el arco en su interior y regresó precipitadamente a casa, sin escuchar las protestas de la familia amiga. Cuando se fueron, le dije: «¿Era necesario? Tenías tantas ganas. El muchacho aún tenía más. Las cosas pertenecen a quienes más las desean».*

Les he contado tres historias:

La de alguien que cambia una muerte fácil por una muerte horrible porque otro tiene más miedo.

La de alguien que se levanta para morir en un sitio visible, aunque nadie sabrá lo que ha hecho ni por qué lo ha hecho.

La de alguien que regala su objeto más preciado por que otro lo desea más.

Estas historias muestran que nos queda mucho por recorrer para llegar al final de la historia, pero también que es posible avanzar en esa dirección: otros lo han hecho.

Yo creo en el progreso científico. Aunque estoy convencido de que el progreso de la humanidad no puede estar sustentado únicamente en él, sino que es necesario el progreso moral. Como Rabelais o Montaigne, no recuerdo cuál de los dos, ha dicho: *"ciencia sin conciencia no es más que ruina del alma"*.

Quisiera volver ahora a la química para expresarles mi convencimiento de que si no hemos llegado al final de la historia, tampoco hemos llegado al final de la química. No todo el mundo piensa así.

Cuenta John Horgan en su libro *"The End of Science"* (1996) que cuando le preguntó a Francis Fukuyama si el progreso científico podría constituir un objetivo para el período post-histórico de la humanidad, éste contestó despectivamente que los que así pensaban eran los "fans" de Star Trek.

Como yo no soy historiador ni filósofo, mis críticas a Fukuyama son principalmente de carácter ético. Pero como científico sí que me siento capaz de argumentar que Horgan no lleva razón al dedicar todo un libro para defender que hemos alcanzado el final de la ciencia. Aunque John Maddox ha escrito en *"What Remains to be Discovered"* (1998) con mucha mayor autoridad sobre esto, tanto Horgan como Maddox ignoran totalmente la química. Bueno, no exactamente, Horgan ha escrito que la química también es limitada, diciendo: *"Bien que el número total de reacciones químicas posibles es muy grande y vasta la variedad de reacciones que pueden experimentar, el objetivo de la química de entender los principios que gobiernan el comportamiento de las moléculas es, como el objetivo de la geografía, claramente limitado. Se puede argüir que tal objetivo se alcanzó en 1930, cuando el químico Linus Pauling mostró que todas las interacciones químicas se pueden entender en términos de mecánica cuántica"*.

Eso recuerda la frase de 1928 que escribió Paul Adrien Maurice Dirac en su clásico libro *"The Principles of Quantum Mecanics"*: *"El conjunto de la física y de la química ha quedado reducido a matemáticas aplicadas"*.

Claramente eso no es verdad de la física [ver los libros de Paul Davies *"The New Physics"* (1989) y el citado de John Maddox], pero ¿y de la química?

La química está toda contenida en la mecánica cuántica en el sentido de que no hay en la química nada fuera de la mecánica cuántica. Más aún, las partes de la mecánica cuántica que son actualmente objeto de investigación por los físicos y, que por lo tanto, van a cambiar, son irrelevantes para la química. Como para tirar al blanco basta la mecánica clásica y las correcciones relativistas son tan pequeñas que tenerlas en cuenta sería irrisorio, así pasa con la nueva física con respecto a la química. Donde se espera una nueva revolución conceptual es en la zona de distancias inferiores a 10^{-16} cm -quarks- (recuerden que la química se mueve en las dimensiones de 10^{-8} cm -átomos- a 10^{-6} cm -moléculas- mientras los seres vivos tienen dimensiones del orden de 10^{-3} cm -amebas- a 10^{2} cm -personas). Otro ejemplo de lo poco que ha afectado a la química un descubrimiento tan revolucionario como el de Lee y Yang (1956) sobre la violación de la paridad en la fuerza nuclear débil, es que conducen a una diferencia de energía entre enantiómeros de 10^{-14} Julios por mol, increíblemente pequeña.

No, yo estoy convencido que no va a ocurrir en en siglo XXI algún descubrimiento físico que revolucione (en el sentido de Kuhn) a la química. Los fundamentos de la química son inamovibles.

Para ilustrar que las bases de la química, en mi caso de la química orgánica, no han cambiado en los últimos cuarenta años, les voy a hablar de mi experiencia. Cuando llegué a Montpellier, en 1958, a hacer mi Doctorado, el químico orgánico más prestigioso que había allí en aquel entonces se llamaba Max Mousseron. Estaba al final de su vida profesional activa, debía tener la edad que tengo yo ahora. A veces imagino que lo hubiesen hibernado en 1958 y que se despertase hoy. ¿Se sentiría perdido en uno de nuestros laboratorios? No. Le costaría unos días (quizá unas semanas) de adaptación, pero no tendría ningún choque cultural: la química de 1999 es perfectamente comprensible para un químico de 1958.

¿Quiere esto decir que no ha pasado nada? Pues obviamente, no. La cultura química ha cambiado. Pero es un cambio más bien técnico que conceptual. *Mutatis mutandi*, si me hibernasen hoy y me despertasen en el 2040, creo que necesitaría unos días (o unas semanas), pero que no me encontraría perdido en el laboratorio de alguno de los que me están oyendo.

Me parece que nada deja presagiar una revolución de la química. Quiero decir, un cambio de tal envergadura que las personas de mi generación no se podrían adaptar a él. Porque pequeñas revoluciones, todos hemos conocido. Lo que suele ocurrir es que, una vez aceptado el nuevo modo de ver las cosas, se "olvida" la antigua manera de pensar.

¿Hemos alcanzado, pues, el final de la química? No basta con negarlo, menos aún si es un químico quien lo niega. Por otro lado, convivimos con nuestros compañeros físicos y biólogos que están profundamente convencidos de que sus disciplinas se encuentran en un momento apasionante y que, por consiguiente, se les debe dar más recursos en medios y en personal. Tenemos que competir con ellos y para ello tenemos que estar convencidos del porvenir de nuestra disciplina.

Vamos a ver. El objetivo de la física y de la biología es describir y comprender el Universo existente. El objetivo de la química no es comprender al mundo, es transformarlo. Es crear objetos nuevos con propiedades predeterminadas. El introducir una molécula nueva en la biosfera tiene, en general, consecuencias positivas y negativas. Se ha acabado la edad de la inocencia: no se puede crear un compuesto nuevo que tenga sólo aspectos positivos. La sociedad, no el químico, tiene que decidir si el balance es positivo e introducir la nueva molécula en el mercado o no. Puede ser que los países ricos digan que no y los países pobres digan que sí. En todo caso, ni sabemos diseñar bien ni las moléculas que hemos creado son satisfactorias.

Deben saber que el número de moléculas posibles es infinito. Pero si se quiere evitar esta noción abstracta de infinito, les voy a dar un ejemplo de cuán grande es el número de moléculas posibles. Imagínense que un ser superior, exterior a nuestro universo cerrado, les dice: "La molécula de la inmortalidad es un hidrocarburo (compuesto que sólo tiene carbono e hidrógeno) de formula $C_{167}H_{336}$. Prepárenla y serán inmortales. Sólo un isómero es activo, todos los demás son inactivos".

No se trata de una molécula inaccesible, los químicos han preparado y preparan moléculas mucho mayores y mucho más complicadas, por ejemplo los hidrocarburos $C_{384}H_{770}$ (lineal) y $C_{288}H_{576}$ (anillo) han sido sintetizados. ¿Entonces? Es bien sencillo, el hidrocarburo $C_{167}H_{336}$ tiene más de 10^{80} isómeros, y en nuestro universo sólo hay 10^{80} partículas elementales. No hay bastante materia en el universo para sintetizar todos los isómeros, ni siquiera la mitad para tener un 50 por 100 de probabilidades de encontrar el compuesto deseado. Sin hablar del tiempo, aunque sintetizáramos una molécula por millonésima de segundo, necesitaríamos 10^{64} siglos para sintetizarlas todas, es poco probable que nos diese tiempo a nosotros o a nuestros descendientes a preparar aquella que confiere la inmortalidad antes que reinase el desorden perfecto, el caos. Este cuentecillo, tiene dos moralejas: necesitamos poder seleccionar *a priori* la molécula (en este caso el isómero) interesante, si no nos ahogaremos en el mar de las posibilidades, lo que se ha dado en llamar la explosión combinatoria; en segundo lugar, no nos va a faltar trabajo a los químicos ni se nos va a agotar la disciplina, digan lo que digan Horgan y otros aficionados.

Esa noción de que lo conocido, incluido lo que se pueda un día conocer, es infinitamente pequeño respecto a todo lo posible, se siente en química como en ninguna otra disciplina. Eso no hace de los químicos personas particularmente trágicas. Los químicos son seres bastante pragmáticos que disfrutan con su trabajo y agradecen la oportunidad de contribuir modestamente al conocimiento. Saben, como ha dicho repetidamente Richard Dawkins, que los seres vivos y, concretamente, los humanos resultan de una serie de acontecimientos altamente improbables.

No quiero abusar más de su paciencia, me voy a despedir con un comentario del escritor francés Claude Roy. Frente al consejo, muy citado, de que hay que hacer de nuestra propia vida una obra de arte, Claude Roy dijo que lo importante para un ser humano es hacer una obra de arte de la vida de los demás.

Muchas gracias.

«Discurso de investidura de Doctor «Honoris Causa» en Farmacia»

Universidad de Alcalá de Henares, 2000

«The secret of the Holy Grail is that it is to be found not in the consummation but in the search»

Una vida heterocíclica

Magnífico y Excelentísimo Señor Rector.
Excelentísimos e Ilustrísimos Señores.
Compañeros y amigos.
Señoras y Señores.

Michael J. S. Dewar, el conocido químico teórico, dio a su autobiografía el título de *Una vida semi-empírica*, lo cual ha inspirado el mío. Por cierto, que Dewar, durante su tesis, trabajó en química heterocíclica. En particular, publicó en 1945 un trabajo sobre la preparación de amino-pirazoles, que aún hoy es aconsejable consultar.

La palabra heterocíclica está llena de resonancias. Por un lado, la raíz «hetero» significa «otro», «desigual», «diferente» y lleva asociado palabras como heterodoxo y heterosexual. Por otro lado, la terminación «cíclica» también tiene connotaciones diversas. A partir de su origen etimológico, perteneciente al círculo, suena ligeramente cómica, a ciclismo y bicicleta.

Referido a una vida, recuerda los ciclos lunares, pascuales y solares del antiguo calendario. Pero también parece contradecir a Heráclito, a Jorge Manrique y a la flecha del tiempo.

Una vida heterocíclica sería una vida dedicada a los heterociclos en la que el final y el principio se unen. O, dicho de otro modo, en la que, como en un círculo, es arbitrario definir dónde empieza y dónde acaba.

No quiero, como ya he hecho en otras ocasiones, lamentarme de la dificultad de hablar de química a personas que practican otras disciplinas, incluso a las que pertenecen a la «segunda cultura». Pero tampoco deseo hacer de estas palabras de agradecimiento una prueba penosa para muchos de ustedes.

La inmensa mayoría de los químicos trabajan en química heterocíclica, es decir, en moléculas en forma de anillo, alguno de cuyos eslabones es un átomo diferente del carbono, generalmente, nitrógeno, oxígeno o azufre. Aun cuando tan heterocíclicos son los anillos saturados, como los olefínicos o como los aromáticos, sólo estos últimos permiten ordenar lógicamente los heterociclos. Química heterocíclica y química aromática están íntimamente relacionadas.

Como muchas nociones básicas en química, la aromaticidad es un concepto difuso. Para desesperación de propios y extraños, la aromaticidad es una noción muy importante que todos los químicos entienden o creen entender. Pero cuando se les obliga a definirla con precisión, tienen problemas. Tiene un centro, el benceno, donde todo resulta claro. Pero a medida que nos alejamos de él, en cualquier dirección, todo se va volviendo nebuloso, opinable. Algunos hablan de que es una noción multidimensional, otros eligen una definición clara y excluyen todo lo que se aparte de ella... en fin, que es como el Amor Brujo de Falla: lo huyes y te persigue, lo buscas y echa a correr.

Nosotros (no yo, nosotros) hemos dedicado buena parte de estos últimos cuarenta años a estudiar compuestos heterocíclicos aromáticos. A pesar de que, poco a poco, esta rama de la química ha ido perdiendo prestigio, llegando incluso a ser menospreciada por otros químicos. Así se explican las dificultades que ha tenido el Profesor Alan Ray Katritzky para ser aceptado por sus colegas estadounidenses o el hecho de que el Profesor Rolf Huisgen no sea Premio Nobel desde hace muchos años.

Lo curioso es que, como antes he dicho, la casi totalidad de los químicos usan, en un momento u otro, las enormes posibilidades que los heterociclos ofrecen. Son como el burgués gentilhombre de Molière, que hacía prosa sin saberlo, pero al revés. Hacen heterociclos sin decirlo. Como si se avergonzaran de ello. Ramas tan prestigiosas como la química de coordinación y la química supramolecular se basan, casi exclusivamente, en heterociclos aromáticos.

Por si alguno de usted no recuerda *El burgués gentilhombre* de Molière, les voy a contar la escena a la que he hecho alusión.

Monsieur Jourdain es un rico burgués no muy inteligente que desea ser ennoblecido, convertirse en gentilhombre. Contrata para ello a una serie de profesores, el de música, el de baile y el de filosofía o de retórica. A este último le pide que le ayude a escribir un billete a su enamorada para dejárselo caer a sus pies: «Bella marquesa, sus hermosos ojos me hacen morir de amor» y le pide al profesor que le ayude a escribirlo de una manera galante. El profesor le pregunta si lo quiere en verso, «No, no, nada de versos», «Entonces, ¿en prosa?», «No, no quiero ni prosa ni verso», «Tiene que ser lo uno o lo otro», "«¿Porqué?», «Por la razón, Señor, de que todo lo que no es prosa, es verso, y todo lo que no es verso, es prosa», «Y como lo que hablamos, ¿qué es eso?», «Prosa», «¿Qué? cuando digo: «Nicole, tráigame mis zapatillas y denme mi gorro dormir», ¿es prosa?», «Si Señor», «¡A fe mía!, hace más de cuarenta años que hablo en prosa sin saberlo».

Cierto es que nuestra rama de la química sufre, como toda la disciplina, pero de una manera más acusada, el problema de la excesiva facilidad: es muy fácil hacer química y más fácil aún hacer heterociclos. Se ha repetido hasta la saciedad la frase de Berthelot, que afirma que «la química crea su propio objeto». Eso tiene su lado bueno, nada limita a la química (no buscamos la última partícula, el bosón de Higgs), pero tiene su lado oscuro, se pueden llenar libros con compuestos irrelevantes. Todo compuesto nuevo es punto de partida para cientos de derivados, todos forzosamente nuevos, y así, exponencialmente.

Para explicarles cómo veo yo la química orgánica voy a hacer uso de una metáfora. A las metáforas les pasa como a los conceptos químicos: si se las mira muy de cerca, pierden su sentido. Mi metáfora será: «La química es como una margarita de tres hojas».

En el centro, en la parte amarilla (las flores tubuladas), está la síntesis orgánica. Sin síntesis no hay compuestos. Y sin compuestos no hay química. Es posible saber muchas cosas de un compuesto antes de prepararlo, incluso si no es posible hacerlo porque es demasiado inestable. Pero, en último término, hay que manejar productos químicos. Aquí, en el corazón, trabajan los «artistas» de la química.

En una de los «hojas blancas» (las flores liguladas) está la química-física y la química teórica orgánica. Esta es la que permite predecir las propiedades de los compuestos. Hay gente que trabaja en la parte central que trata con desdén el trabajo que aquí se hace. Si me permiten que construya una metáfora dentro de otra, es como si la química fuese un noble y bello edificio del siglo pasado. En la sexta planta están tocando música de cámara los «sintéticos», mientras que dos plantas bajo el suelo trabajan los «químico-físicos» cambiando los cimientos. Los músicos piensan que es inútil trabajar en el subsuelo: genera gastos y ruidos: mejor sería comprar un violoncelo o contratar a un segundo violín. De todos modos, la casa está en perfecto estado y puede durar doscientos años más.

Se equivocan. Dos veces. En primer lugar, los químicos no construimos la química para que dure unos cientos de años, sino para que dure unos cientos de miles. Somos optimistas sobre el futuro de la humanidad, conscientes de que carecemos de capacidad destructiva suficiente. Muchas muertes y mucho sufrimiento ha causado la dinamita de Alfred Nobel y los gases de combate de Fritz Haber, pero si alguien puede erradicar la humanidad, ese será un físico o un biólogo. En segundo lugar, subestiman la velocidad de trabajo de los «fontaneros»: antes de que se den cuenta estarán en la sexta planta. No sólo racionalizando sus descubrimientos, sino precediéndolos. No sólo explicando por qué se forma A y no B (como ya hacen), sino diciéndoles «mejor usar un catalizador de Holmio que uno de Samario».

He oído recientemente hablar de un proyecto de espacio virtual de la química. Hoy día hay unos diez millones de compuestos orgánicos conocidos (incluidos organometálicos y de coordinación). Al finalizar el siglo habrá unos cien millones, en parte, a consecuencia de las nuevas estrategias de síntesis. El número de moléculas posibles escapa a la imaginación: no hay bastantes partículas en el Universo para preparar una parte muy pequeña de las posibles. ¿Qué representarán los cien millones dentro del conjunto de las posibles? ¿Qué lugar ocuparán en un espacio de muchas dimensiones? ¿Quedarán zonas vacías? Una empresa se ha propuesto generar un espacio virtual de miles de millones de moléculas para poder explorarlo y buscar zonas deshabitadas (¿con nuevas propiedades?).

Es difícil imaginar los números enormes que se generan en combinatoria. Otras veces he citado que el alcano $C_{167}H_{336}$ tiene más de 10^{80} isómeros. Ahora he conocido otro ejemplo. El grafito está formado por anillos de benceno, como ciertos pavimentos de casas antiguas están formados de baldosas hexagonales. Es fácil ver que si nos dan un buen número de hexágonos los podemos disponer de muchas maneras: formando naftaleno, antraceno, fenantreno, criseno, pireno, etc. Elijamos un número pequeño, por ejemplo, quince «baldosas»: ¿cuántas maneras hay de colocarlas para formar un pavimento, para sintetizar un sistema benzenoide? 74.207.910.

Quiero insistir en este punto porque es el que define a la química. Imaginemos que la Tierra es el único lugar del Universo que tiene vida y preguntémonos por cuantas moléculas orgánicas hay, primero en el Universo excluyendo la Tierra: digamos unos miles. La vida ha creado, por medio del metabolismo, digamos unos millones. Los químicos ya han sintetizado cerca de diez millones. Ahora, consideremos el tiempo que la física ha tardado en crear esos miles de moléculas: unos 15×10^9 años (entre 10 y 20.000 millones de años). La biología, unos $3,8 \times 10^9$ años (admitiendo que la vida empezó hace 3.800 millones de años). La química (síntesis de la urea por Wohler, 1828) unos ciento setenta años. El rendimiento de la física es 7×10^{-8}, el de la biología de 3×10^{-4} y el de la química de 60.000 al año, una molécula orgánica cada nueve minutos. Además, la física y la biología trabajan a velocidad constante, la química a velocidad creciente, con una enorme aceleración.

En otra de las «hojas blancas» están los materiales orgánicos. Allí trabajan, a veces sin el reconocimiento que se merecen (aunque los recientes premios Nobel contribuirán al prestigio de todos los que aquí laboran), todos aquellos que mejoran nuestra calidad de vida, dejando aparte los medicamentos. Desde las cuerdas del arco de tiro olímpico en kevlar a las prótesis de cadera, de las pantallas planas de los ordenadores a los nanotubos de carbono. Hoy día, el construir un ojo artificial es un problema de materiales y no de «Ciencias de la Vida». Mañana, la frontera se difuminará y será un problema quimobiológico.

La tercera «hoja» de nuestra margarita es la que me trae hoy aquí: la bioquímica, la química médica, la química terapéutica, la química farmacéutica; en definitiva, la Farmacia. De este tema trataré con más detalle. Permítanme, antes de acabar de deshojar la margarita, que reconozca públicamente que la realidad es mucho más complicada y que todo está profundamente imbricado. Quien haya participado en una «Comisión de planes de estudio» (en mi caso, como miembro externo) sabe lo difícil que resulta que unos especialistas comprendan a otros. ¡Incluso entre químicos! Los químico-físicos, que yo respeto mucho, no son especialmente fáciles de convivir. Recuerdo un célebre catedrático de antropología (miembro permanente, como yo) que, fuese la licenciatura que fuese (Ciencia y Tecnología de Alimentos, Investigación y Técnicas de Mercado, etc.), siempre defendía que había que dar una asignatura de antropología. Y lo hacía de una manera muy convincente, ¡lástima que fuese su especialidad!

Retomo ahora el aspecto biológico de la química, recordando que la vida es metabolismo. Un organismo vivo es como una caja negra: entran unas moléculas y salen otras diferentes. En ese proceso se genera materia y energía: vida.

A este propósito les voy a leer las frases de dos grandes científicos.

La primera es de Carl Sagan: «*No hay casi aspecto alguno de nuestras vidas que no dependa de una manera fundamental de la química: electrónica y ordenadores; alimentación y nutrición; pérdida de la capa de ozono: minería y metales; medicina y fármacos; todas las enfermedades, incluyendo SIDA y cáncer, esquizofrenia y síndrome maníaco-depresivo; drogas, legales e ilegales; agua contaminada; y gran parte de lo que llamamos la naturaleza humana. Somos lo que somos, al menos en gran parte, lo que nuestros átomos y moléculas y sus interacciones nos hacen. En un sentido profundo y fundamental, la química hace de nosotros, nosotros*».

La segunda es de Arthur Kornberg, premio Nobel de Fisiología y Medicina en 1959 junto con Severo Ochoa por la síntesis de los ácidos nucleicos. «*El primer formidable obstáculo es la aceptación, sin reservas, de que la forma y la función del cerebro y del sistema nervioso son sencillamente química*». «*Me extraña* —escribe Kornberg— *que personas por lo demás inteligentes y bien informadas, incluidos médicos, sean reticentes a admitir que la mente, como parte de la vida, es materia y sólo materia ... ninguna campaña publicitaria ni nuestro sistema educativo, incluyendo programas de televisión, han enseñado al público que la vida es un proceso químico*».

Creo que ambas frases, que pueden ser discutibles, son sin embargo altamente significativas de la importancia de la química, máxime al haber sido dichas por un astrofísico y por un médico.

Los heterociclos son moléculas esenciales para la vida, tanto el DNA como el RNA tienen componentes heterocíclicos esenciales: las bases púricas y pirimidínicas. Enzimas, coenzimas y vitaminas también comparten esa propiedad, que no es aleatoria. Sólo los heterociclos poseen las características necesarias para ser «ladrillos» de la vida: fácil oxido-reducción, numerosos equilibrios ácido-base, buenos ligandos, formadores de enlaces de hidrógeno, de interacciones π y de transferencia de carga, propiedades hidrófobas, tautomería, etc.

Es quizás el momento de contarles (para muchos, recordarles) una historia. El, en mi opinión químico más grande de la historia, Linus Carl Pauling, perdió la oportunidad de ganar su tercer Premio Nobel por un error incomprensible. Se trata de un problema de heterociclos y de tautomería. A estas alturas ya todos deberían saber lo que es un heterociclo. En cuanto a tautomería se trata de una propiedad química general, pero especialmente importante en los heterociclos. Una vez más, es una noción difusa, pero, en fin, digamos que trata de sustancias químicas que pueden existir en varias formas que sólo difieren entre ellas por la posición de un átomo de hidrógeno en su periferia.

Permítanme que les recuerde esa historia, la del descubrimiento del DNA, tal como la cuenta Horace Freeland Judson en *El octavo día de la creación*. En 1953 publican Pauling (tenía cincuenta y dos años) y Robert Corey, una estructura del DNA en forma de triple hélice con las bases hacia afuera. La estructura era errónea, y aun cuando Pauling ignoraba el trabajo cristalográfico fundamental de Rosalind E. Franklin y de Maurice

H. F. Wilkins, lo cierto es que Pauling, ¡justamente él!, utilizó unos tautómeros falsos (es decir, menos estables que los reales, en particular el del uracilo) de las bases púricas y pirimidínicas, cosa que vio inmediatamente Jerry Donohue, como reconocen en el trabajo de *Nature* de abril de 1953, James Dewey Watson (veinticinco años) y Francis Harry Compton Crick (treinta y siete años). Esta historia prueba que aunque un genio como Pauling esté trabajando en un tema, aún quedan posibilidades para los demás (aunque en este caso se trate de, al menos, otro genio).

Puede parecer una opinión corporativa, pero es mi convencimiento profundo de que la física no va a invadir el dominio de la química (entre otras razones, por que a los físicos no les interesa la química), pero que la química sí va a invadir el de la biología.

Los espectaculares avances de la biología no van a ejercer efectos profundos, paradigmáticos, sobre la química (¿qué más da que se descubra un reactivo nuevo o un mecanismo nuevo trabajando sobre una sustancia, aunque sea el DNA, fundamental en biología o sobre un producto totalmente exobiótico?). No existe nada en un sistema vivo que lo haga diferente de una reacción química industrial.

La relación de la biología con la química es la misma que la de la meteorología con la física: muy complicado, pero sin misterio. Es más un problema de supercomputación que de ideas nuevas (ideas químicas nuevas, quiero decir). ¿Que la biología está basada en las interacciones no covalentes y la química en las covalentes, como se oye decir? Pues evidentemente es falso, doblemente falso. Primero, las interacciones covalentes juegan un papel esencial en biología, lo que pasa es que los químicos las han estudiado bien y por eso se dan por obvias. Segundo, ¿qué químico estructural no está interesado por las interacciones débiles? Los enlaces de hidrógeno, los efectos cooperativos, el «stacking» de bencenos, las fuerzas de dispersión, etc., están en el centro de nuestras preocupaciones. Cada cosa a su tiempo: ya hemos establecido una sistemática de las fuerzas enlazantes, ahora (y en los próximos decenios) les llega el turno a las no enlazantes.

Conclusión: en los próximos veinte o treinta años los químicos van a invadir la biología, que va a dejar de ser una ciencia de modelos sencillos para convertirse en una disciplina cuantitativa y rigurosa sin perder la «espontaneidad» que caracteriza tanto a la química como a la biología.

Creo que hay una gran confusión entre complejidad y dificultad teórica. Como esa confusión está en el centro del debate entre químicos y biólogos, voy a ilustrarla con otro ejemplo. Cuando se lanza una moneda al aire se trata de un proceso totalmente determinista (laplaciano), cuyas leyes (ya que se trata de un objeto macroscópico) obedecen a la mecánica clásica. Sin embargo, la complejidad es tal que se le considera un proceso aleatorio. ¿Tendría sentido un programa de investigación en física sobre las leyes que rigen el movimiento de la moneda? Pues evidentemente, no. ¿Es imaginable que en un futuro, incluso lejano, se pueda predecir si va a salir cara o cruz? Pues tampoco. ¿Llegaremos a una quimobiología molecular? Evidentemente, si.

Más cerca de la ceremonia de hoy, debo decir unas palabras sobre el papel de los heterociclos en química farmacéutica. Aproximadamente, un 75 por 100 de los fármacos son heterociclos. A mí este argumento estadístico en favor de los heterociclos no me agrada. No podemos estar pendientes de saber si las estructuras de los nuevos medicamentos son heterociclos. Apareció el Viagra, el récord de ventas en el 99, luego el Celecoxib, el probable récord de ventas del 2000: ambos son heterociclos y además, ¡oh milagro! pirazoles. Pero mañana, el SIDA se puede prevenir con un esteroide y un tipo de cáncer curar con un carotenoide. No, la importancia de los heterociclos en farmacia radica en su importancia en biología.

Sir Peter Medawar ha escrito que si la política es la ciencia de lo posible, la investigación es la ciencia de lo soluble (que se puede resolver, no que se puede disolver). Hay infinidad de problemas biológicos fundamentales que la química no sabe como resolver. Abordarlos hoy día sería locura estéril. Dejemos a los biólogos avanzar con sus métodos, ya los estudiaremos cuando estén maduros. Cuando oigan decir que el campo de exploración de la química se está agotando o que ya no quedan grandes problemas químicos por resolver se pueden (se deben) permitir una sonrisa. Es justamente lo contrario: «no sabemos bastante química como para resolver los grandes problemas de la biología».

El objeto de la química debe estar dentro de la química. Sacarlo fuera y ponerlo, por ejemplo, en la biología sería (es) un gravísimo error. Es lo que en ciencias sociales se llama alienación. Desgraciadamente, eso está sucediendo y los químicos están pagando las consecuencias de que se les juzgue por lo que contribuyen a otras ciencias y que les juzguen especialistas de esas otras ciencias (se llamen ciencia de materiales o biología). El reino de la química es lo artificial. Imitar la naturaleza es insuficiente y puede incluso ser erróneo: ¿es que acaso los aviones derivan del modo de volar de los pájaros? Lo natural es propio de los animales, es el resultado de la evolución. Han sido necesarios millones de años para conseguir el vuelo del gavilán y sólo unas decenas para conseguir un avión supersónico.

A los estudiantes de Farmacia se les exige mucho: que sean químicos, biólogos, médicos y veterinarios. Está claro que ni los mejores de entre ellos pueden alcanzar el nivel de cada una de la Facultades concurrentes. Pero si saben guardar un equilibrio entre todas las materias y tienen suficiente pasión por su carrera, podrán llegar donde otros, más especializados, fracasan. La Facultad de Farmacia es el lugar ideal para conseguir que los mejores estudiantes se dediquen a los grandes problemas de la vida y de la salud, cuyo estudio ennoblece al que se dedica a ello y al país al que pertenece.

Cuando se contempla el panorama de la química orgánica española desde el final de la guerra civil, se pueden distinguir tres generaciones. La primera, asociada con los nombres de los profesores Lora-Tamayo, Pascual Vila y Ribas Marqués, tuvo por misión reconstituir la disciplina y formar una segunda generación. La segunda generación, la de Serratosa, Fariña, Castells, Antonio González y muchos otros, intentó alcanzar niveles de investigación homologables con los de químicos de otros países, pero siempre dentro de las posibilidades de España. Yo me considero parte de esa generación. La tercera, es la de todos aquellos que pretenden ser juzgados por su trabajo, con independencia de su nacionalidad. La figura emblemática de esta nueva generación de químicos orgánicos es la del Profesor José Barluenga y es mérito de esta Universidad de Alcalá de Henares el haberlo reconocido públicamente.

Mis últimas palabras serán para agradecer a todos aquellos que me han traído aquí. A mis compañeras y compañeros, químicos y no químicos, de la Facultad de Farmacia de Madrid y del Instituto de Química Médica del Consejo, a los Señores Académicos de la Real de Farmacia, algunos desgraciadamente que ya no están entre nosotros como Ramón Madroñero, Arturo Mosquiera y, muy especialmente, a Rafael Cadórniga.

De esta Universidad de Alcalá, de donde casi todos procedemos y donde tengo tantos amigos, a Julio y a su Rector Magnífico: gracias.

«Discurso de investidura de Doctor «Honoris Causa» Universidad Técnica de San Petersburgo, 2000

Chemistry in Russia and in Spain: A personal recollection

Rector Magnífico, Professors of the Technical University of Saint Petersburg, Ladies and Gentlemen.

It is a great honor and a great moment of my life as a chemist to be here amongst all of you to receive an honorary degree from the Academic Council of Saint-Petersburg State Institute of Technology (Technical University). I don't think I have enough merits for this distinction but I will do my best afterwards to deserve it by contributing to the relationships between our Institutions and even between our countries.

Our countries being far away, it is normal that we don't know each other well. I must confess that when Dr. Rostislav Trifonov delivered in Madrid his lecture about the Saint Petersburg Institute of Technology most of us discovered the glorious past and the excellent research that chemists are doing here.

We discovered that the father of modern chemistry, Dmitry Ivanovich Mendeleev, was a Professor in this institution. He published his seminal papers on the periodic table in 1869 writing his famous sentence *"the properties of the elements are a periodic function of their atomic weights"* and publishing his amazing prediction of eka-silicon properties (in 1871), which almost coincide with those of element germanium discovered in 1886, fifteen years later.

Famous scientists from other countries have been invited and have worked here with great success. Between 1866 and 1906, the German scientist, Friedrich Konrad Beilstein, author of the *"Handbook of Organic Chemistry"*, headed the Department of Organic Chemistry of this

Institute. Also the Swiss chemist, Germain Henri Hess, who discovered the law which is named after him, worked here.

Many leading Russian chemists are part of the history of this Institution, such as Dimitrii Kostantinovich Chernov (the well know metallurgist), Sergei Vasilievich Lebedev (pioneer in synthetic rubber), Aleksei Evgrafovich Favorskii (both the Favorskii reaction and the Favorskii rearrangement are in all textbooks over the world), Lev Alexandrovich Chugaev (in our books is called Tschugaeff, who founded the Russian school of coordination chemistry), Alexander Evgenevich Porai-Koshits (who rationalized the Fisher-Hepp rearrangement and published many important papers on color chemistry) and the last directors of the organic chemistry department, Professors Semen Petrovich Vukolov and Lev Ilich Bagal, their contribution to high-energy compounds being still continued here.

Let me now summarize for you the contribution of Spain to the history of science and of chemistry. Few people know that Louis Joseph Proust was Professor in Spain from 1777 to 1781 and that two brothers, Fausto and Juan José de Elhúyar discovered element number 74, wolfram, in 1783. Although, it is also named tungsten, the IUPAC name and the symbol, W, remember the Elhuyars' priority.

In 1736, Antonio de Ulloa, a Spanish mathematician and naval officer, observed an unworkable metal *platina* (which in Spanish means little silver), in the gold mines of what is now Colombia. Returning home in 1745 his ship was attacked by pirates and finally captured by a British navy. He was brought to London and his papers confiscated but was fortunately befriended by members of the Royal Society and was indeed elected to that body in 1764 when his papers were returned and his report published in 1748. Another Spanish chemist, Andrés Manuel del Rio, then working in Mexico, discovered vanadium in 1801 (he called it erythronium) but his discovery was lost and the element was rediscovered by N. G. Sefström in 1830.

Therefore, three elements wolfram (74), platinum (78) and vanadium (23) are associated with Spanish scientists, but this "golden" period of our science was a long time ago (1750 to 1800).

However, the most universal Spanish scientist is Santiago Ramón y Cajal, who, for all of us, is the example to be followed, in personal life and in science. He was born in 1852 and died in 1934 (the year I was born) and he was awarded the Nobel Prize in 1906, which he shared with Camilo Golgi. His was the sixth Nobel Prize in Medicine, before him, only Behring, Ross, Finsen, Ivan Petrovich Pavlov and Robert Koch had obtained this Nobel Prize. He received it to acknowledge his outstanding contribution to the structure of the nervous system.

We may recall that in 1900, Cajal obtained the Moscow Prize of the International Society of Medicine and in 1914 he was elected honorary member of the Imperial University of Saint Petersburg. Thus, our most illustrious scientist and your city are closely related.

I started my Ph. D. Thesis in Montpellier (France) in 1958. My thesis director, Professor Robert Jacquier, gave me as research topic the chemistry of pyrazolines and pyrazoles. At that time, the literature on that subject was mainly the work of Karl von Auwers, a great German scientist deceased in 1939 (his most famous student is Karl Ziegler), and of two eminent Russian scientists, Academician Aleksei Nikoleavich Kost and Professor Igor Grandberg, working at the Lomonosov University of Moscow.

In 1966 they published in English a review called *"Progress in Pyrazole Chemistry"* which is still excellent and provided the people, like me, who are unable to read Russian, with the possibility to discover the enormous wealth of Russian chemistry. For many years, I collected all their publications, first as reprints they sent to me in Russian (fortunately, chemical formulas are universal) and afterwards as cover-to-cover English translations, which appeared some months later.

I met Professor Kost several times in Western Europe: he spoke fluent English and traveled often abroad. Sadly, he passed away in December 1979 before I had the possibility to visit him. Therefore, when we traveled to Moscow in 1991, I asked our host, the Academy of Sciences, to meet Professor Grandberg then in the Timiryazev Agricultural Academy in the outskirts of Moscow.

They tried to discourage us by saying that there were other more interesting places but I wanted to meet personally Professor Grandberg to express him the deep admiration I felt for his work. Finally, we succeeded. We discovered that the laboratories were of the nineteenth century, with cork stoppers and almost no reagents. Unfortunately, he did not speak English but very good German. A young lady, Elena Komarova, translated our conversation. The Timiryazev Academy has a splendid museum about horses and was a very interesting place to visit. But we left very sad, thinking on the working conditions of a very great heterocyclic chemist. When departing, he picked out the only valuable object he had, a pair of Zeiss binoculars from the Second World War and gave them to us. They are always in front of me, to remember him.

I spent twenty years in France and then I came back to Spain in 1980. For a short period of time (1983 to 1984) I held the responsibility of heading our Research Council, which is somewhat equivalent to your Academy of Sciences. At that time, I met several Russian scientists. One that I remember particularly well was Academician Yuri Anatolievich Ovchinnikov, then Vice-President of the Academy. He was also born in 1934, but very sadly he died soon after his visit to Spain.

During all these years, I have exchanged an abundant correspondence (this was before e-mail changed our way-of-life) with many Russian chemists. My field of research, heterocyclic chemistry, is (or, at least, was) one of the most developed in Russia. Had it not been for the obstinate use of Russian in almost all their publications, Russia would have been recognized as the leading country in this field. Nevertheless, for the well informed, the research carried out in your Institutes and Academies was impressive.

If you allow me a small criticism, I think it was an error to use almost exclusively Russian for scientific exchange. There are over 300 million persons speaking Spanish and we only use our native tongue within the space of Spanish speaking countries. Russian uses another alphabet and its grammar is much more difficult than ours is. An equilibrium has to be reached between the vitality of a language and the diffusion of the science results. The first one requires that the language evolves incorporating neologisms. The second one requires the use of English.

Searching in my files, I have discovered letters from Professors and Drs. Nikolai Zefirov (from Moscow State University), B. V. Ioffe (then at Leningrad University), V. A. Lopyrev (Irkutsk Institute of Organic Chemistry). Others are now in other republics like our friend Mikail Kornilov (now in Ukraine). And from this city, people like Professors Boris Ershov, Kirill Zelenin and Gleb Denisov as well as Dr. Nikolai Golubev. Moreover, I have been referee for many Soros grants and I have tried, in general without success, to obtain INTAS projects with our Russian colleagues.

I want to use this opportunity to say a few words about the late Professor Mark Solomonovich Pevzner. Although I never met him, I followed for years his remarkable work on azoles, especially nitro and halogen derivatives, subject of some authoritative reviews I have in my office and often use. I know his wife and his son are working in this Institute, I would like to express them my sympathy and the admiration I feel for Professor Pevzner.

In 1991 we visited Rostov-on-Don, both the University, Professor Alexander Fedorovich Pozharskii, and the Institute of Physical and Organic Chemistry, Professors Vladimir Minkin, Alexander Garnovskii and Sergei Bulgarevich. This was one of the most interesting and pleasant experiences of our professional life. We discussed chemistry, heterocyclic and physics, we cruised down the Don River visiting Cossack churches, eating salted fish and trying not to drink vodka, and we made friends that will remain forever.

With several of these authors we have published joint papers:
A paper in the *Journal of the Chemical Society* with Minkin.
A paper in the *Journal of the Chemical Society* with Pozharskii.
A paper in the *Journal of Molecular Structure* with Bulgarevich.
A paper in the *Journal of Physical Chemistry* with Denisov.
And a paper in the *Journal of the Chemical Society* with Golubev.

We have met Professor Ostrovskii several times in meetings of the Heterocyclic Chemistry Society. Therefore, when he asked about the possibility to receive Rostislav Trifonov in our Institute, I gladly accepted. Always an enthusiastic person, Vladimir Ostrovski prepared a research program that corresponds to several years of work. In any case, Rostislav spent here several months working with Dr. Ibon Alkorta in computational chemistry. Two papers resulted from this collaboration, both in the Japanese journal, *Heterocycles*, one in 1998 and the other this year. Others, I hope, will follow.

Both publications are related to the chemistry of triazoles and tetrazoles, the subject of many careful studies in this Institute. I must confess that our contribution was a minor one but it gave us the opportunity to learn more about these interesting compounds. Probably the accent in Saint Petersburg was too much on their use as explosives, which limited their diffusion, and less on their biological properties. Anyway, the chemistry is the same, only their applications differ. May be a public research center is not the best place to carry out applied chemistry: we lack the ambition to become rich that industrialists possess. Most scientists would like to dedicate their lives to the pursuit of the truth and to forget about material problems like subsistence.

This summarizes my memories of personal relationship with Russian chemists.

Before ending this talk, I would like to comment about the situation of chemistry, and more generally, of science in Spain and in Russia.

Spain is a medium-size country (about 500,000 km^2) whereas Russia is the largest country in the world (over 17,000,000 km^2). Spain has less than 40 millions of inhabitants, Russia near 100 hundred and 50. In a situation, that we chemists call of steady-state equilibrium, science and, in particular, chemistry would be proportional to these national indicators. It is true that chemistry flourishes in small countries like Switzerland or Holland, but science in Spain was in a very bad shape twenty years ago. And now it has attained a level that is in consonance with its size, its population and its wealth.

What has been the origin of this "miracle"? In my opinion there have been three main causes:

First, a large part of our scientists have spent several years working in other countries, mainly the US, but also Germany, the United Kingdom, France, and so on. Today, they often write back to say that their facilities abroad were not so good as those they had in Spain. But it was, and still is, very important to know how other people work, think and live. You become more broad-minded and, at the same time, more exigent.

Second, a large amount of money was injected in research, expensive instruments, reagents, money for travel and, well paid salaries for university professors and research scientists. Bion of Phlossa, a Greek poet of the second century BC, called money the nerve of the war. I must confess that we are still far behind other developed countries both in percentage of our national income and in percentage of scientists over the total population.

The first two factors are well known because they can be quantified and described by statistics. The third one is subtler. As a consequence of the change between a military dictatorship and democracy, most people felt an enthusiasm for freedom and for research that made them work non-stop for years on. I don't know if this level of commitment will be maintained much more time. In any case, it has contributed decisively to the success of Spanish science.

Your situation is very different: you are a great scientific country. It is only a problem of time for recovering your natural place in the world. Nevertheless, if you don't find me too pretentious, the example of Spain could be of some interest for your academic authorities and your national and local governments.

To conclude, I want all of you, and particularly our good friend Professor Vladimir Ostrovskii, Professor Igor Tselinskii, Vice-Rector, and Professor Anatoly Dudyrev, Rector of Saint Petersburg State Institute of Technology, to know that I will always be very proud of being a member of the college of Doctors of this Institute.

Thank you very much for your attention.

«Discurso de investidura de Doctor "Honoris Causa"»
Universidad de Zaragoza, 2001

La química orgánica en los albores del nuevo milenio

Science and technology. Yes, Nature is treated as a passive being (clothed female in the old days, of course) to be poked, probed, her secrets unveiled by oh so clever us. Science has furthermore cultivated ethical neutrality to escape political and religious control. This not only leads to the sin of false pride, but is in the end a foolhardy manœuvre. The World Wars of this century, if nothing else, have taught us the folly of neutral science.
Roald Hoffmann (29 de febrero de 1996)

Estos discursos de toma de posesión se entregan de antemano y luego se leen con alguna omisión (para no abusar de la paciencia del público), pero sin alterar su contenido. Dado que quisiera entretenerles hablando de futuro, me he arriesgado a predecirlo y he escrito «[...] como hoy hay aquí muchos químicos [...]». Eso lo escribí en el pasado, lo leo en el presente y ustedes ya pueden ver si me equivoqué en mi predicción.

Como la lanzadera, estamos continuamente tejiendo nuestras vidas del pasado al futuro y del futuro al pasado. Esto es bien conocido, pero los historiadores saben lo difícil que es resistir a la tentación de volver a interpretar el pasado a la luz de acontecimientos ulteriores, futuros para aquel pasado. Los ingleses tienen una palabra para designarlo: *hindsight*.

Qué fácil resulta ver los errores de los políticos, los generales o los científicos cuando se conocen las consecuencias de sus decisiones. ¿Quién no ha sentido la tentación de viajar hacia el pasado para susurrar al oído de Pauling «¡cuidado!, el uracilo existe como tautómero dioxo». Podíamos haberle hecho ganar un tercer Premio Nobel.

«Como hoy hay aquí muchos químicos», decía, cada uno de ellos podría, con tanta o mayor legitimidad que yo, escribir sobre el pasado, presente y futuro de la Química. Y todos esos textos, todos igualmente válidos, serían diferentes, pues reflejarían la historia de cada uno de nosotros, el camino que hemos recorrido, unos, como yo, a punto de detenerse; otros, apenas iniciándolo.

Cuando se va a la montaña un día de sol después de una gran nevada, sin esquís ni raquetas, deja uno tras sí un surco profundo y claro. Es así como me gusta imaginar mi camino: nuevo, limpio y fugaz. No un sendero que otros deban seguir. Una pista que desaparezca en la próxima nevada. Como las que trazábamos de jóvenes por las inmediaciones de El Pueyo de Jaca.

Entramos ahora en la fase más especulativa de este discurso: predecir el futuro. Una vez le preguntaron a Groucho Marx cuál era su legado para la posteridad, a lo que Groucho contestó: «*¿Qué ha hecho la posteridad por mí?*». Con su genial sentido del humor, la respuesta ilustra nuestra peculiar relación con el futuro. Nosotros cambiamos el futuro, pero ese futuro que estamos construyendo no tiene efecto sobre nosotros hoy. Sin embargo, los seres humanos viven constantemente pensando en el futuro, haciendo predicciones, sobre esta noche, sobre mañana, sobre la semana o incluso el año que viene.

He leído recientemente un libro del profesor José Manuel Sánchez Ron titulado "*El futuro es un país tranquilo*". Es un ensayo novelado sobre la ciencia. La acción se sitúa en 9687. En esa época ha llegado el «Fin de la Ciencia», la Naturaleza ha desvelado todos sus secretos, tanto en física (hay una teoría del todo) como en biología, «*se han hallado todas las respuestas que se podían encontrar [...]. Lo sabemos todo. Todo. Todo lo que se puede saber*». Sólo quedan problemas tecnológicos. De química apenas se habla (¿pura tecnología, piensa Sánchez Ron?). La esperanza de vida ha aumentado mucho, pero la gente se aburre y se suicida (la vida sólo es interesante cuando hay problemas que resolver). Esa visión pesimista de nuestro futuro es típica de un físico. Los químicos sabemos que nuestro campo crece con nuestros trabajos y que siempre quedarán cosas que descubrir. *Nunca lo sabremos todo.*

El doctor Philip Brown ha comparado nuestros modelos predictivos, construidos forzosamente sobre nuestra experiencia pasada, con conducir un coche mirando al retrovisor: «*Todos predecimos el futuro basándonos en la experiencia pasada. ¿Qué otra cosa podemos hacer? Pero recordemos que esto es casi tan útil como conducir un coche mirando sólo en el retrovisor. ¡Ay, no había visto el camión que venía de frente!*».

La metáfora es divertida, aunque ningún camión avanzará hacia nosotros viniendo del futuro. Realmente, creo que se puede conducir por una carretera que no tenga curvas bruscas, en función del tramo que ya hemos recorrido. No debe de ser fácil, pero si la carretera es ancha y conducimos muy despacio...

Cuando bajamos a la biblioteca (en mi edificio está en la planta baja) y hojeamos los últimos números de las revistas, de una manera automática hacemos una extrapolación: imaginamos hacia dónde va tal grupo o tal línea de trabajo. Cada artículo es un punto en un espacio vectorial. Y fieles a Guillermo de Occam, suponemos que la trayectoria será sencilla, lisa.

Este modelo funciona a distancias temporales cortas. Naturalmente, hace cuarenta años, cuando empecé a ejercer mi profesión, hubiese sido incapaz de predecir cómo se encuentra la Química hoy. Robert Woodward, quizás... Por otro lado, tampoco ha habido grandes sorpresas en esos años.

Para mí, una de las mayores ha sido el descubrimiento de los *fullerenos* por Kroto y Smalley en 1985. No es que no hubiese habido pistas, al contrario. Recuerdo varias, que, por orden cronológico, son:

— En 1971, en el libro en japonés *Aromaticity,* escrito por dos eminentes químicos, los profesores Zen-ichi Yoshida y Eiji Osawa se describe el C_{60} como objetivo sintético alcanzable.
— En 1973, los rusos Botchvar y Gal'pern calculan el C_{60}, al que llaman «carbo-s-icosaedrano», llegando a la conclusión de que debe ser estable y aromático.
— En 1981, Davidson estudia teóricamente su estructura y llega a las mismas conclusiones que los autores anteriores.
— Castells y Serratosa publicaban en 1983 (*J. Chem. Educ.*) el nombre sistemático del «futbolano» o «soccerano» $C_{60}H_{60}$. Les faltó el salto al "futboleno" C_{60}, probablemente porque llegaron a él partiendo

del dodecaedrano, $C_{20}H_{20}$, en el que Serratosa había trabajado y al que ambos habían nombrado sistemáticamente el año anterior. Lástima, porque el $C_{60}H_{60}$ es un producto desconocido, probablemente muy inestable, con ciertos hidrógenos hacia el interior..., mientras que el C_{60}... todos conocen su gloriosa historia.

Todos los trabajos que he citado tienen un gran interés para la historia de la ciencia. Pero la existencia, estabilidad y, lo que es más importante, abundancia, fácil síntesis y rica reactividad de los fullerenos, no era previsible desde ningún modelo "standard".

Prevalece la opinión de que somos capaces de predecir los objetivos con bastante seguridad, pero que falla estrepitosamente la cinética: nos equivocamos en la predicción del tiempo que tardaremos en alcanzarlos (recuerden que en *2001, una odisea del espacio* ¡no usaban el correo electrónico!).

El doctor Richard Klausner, director del Instituto del Cáncer Americano, ha escrito: «*Siempre sorprende cómo, para ciertas cosas, subestimamos espectacularmente cuán lejos están en el futuro, mientras que para otras, lo sobrestimamos de forma llamativa. No somos demasiado malos para predecir qué cosas pueden ser parte de nuestro futuro, pero somos malísimos prediciendo el cronometraje, la cinética y el camino hacia esas cosas*».

De cualquier manera, debemos recordar que cuando exigimos que la ciencia básica sea apoyada por los gobiernos, estamos haciendo una predicción basada en las consecuencias que la investigación pasada tuvo sobre la situación actual. Recuerden que, según las Academias de Ciencias y de Farmacia francesas, en un trabajo conjunto, el declive de su industria farmacéutica se debe a que no hacen (ni han hecho en los últimos treinta años) bastante investigación básica.

Otros, mucho más competentes que yo (Lippert, Cotton, Seebach), han imaginado lo que va a suceder o, un poco más fácil, los grandes «agujeros». Particularmente estimulante es la lista de veintidós cosas que nos gustaría poder o saber hacer establecida por Lippert (del M.I.T.).

De la lista de Lippert, los puntos más cercanos a mis preocupaciones son «deseamos controlar el sentido y la orientación de una molécula que se acerca a otra con la que va a reaccionar» y «deseamos controlar la química de las especies atrapadas y saber cómo liberarlas bajo la influencia de un producto químico o de un campo magnético o eléctrico». Yo añadiría: «deseamos comprender cómo las proteínas reconocen a los fármacos antes de que lleguen al sitio activo» y «deseamos disponer de un método físico de preparar compuestos enriquecidos en isótopos estables tales como ^{13}C, ^{15}N, ^{17}O, o al menos disponer de procesos químicos de intercambio en la molécula entera».

Yo les aconsejo vivamente este ejercicio intelectual (este *gedanken experiment*): pregúntense, cada uno de ustedes, qué les gustaría poder hacer si no tuviesen limitación alguna, de ningún tipo, ni en sí mismos ni en los medios de que disponen. ¿Hacen ustedes la investigación que les gustaría hacer? ¿Es sólo por falta de medios o es por falta de ambición? ¿Se arriesgan a fracasar? ¿Se desaniman por los comentarios de los referees?

Aragón, corazón y raíz de España. Hay un antagonismo antimadrileño desprovisto de razones. Madrid no es nada, sólo la capital. Una ciudad, por mucha personalidad que tenga (como Marsella en Francia), no es un país. Castilla, sí lo es. ¡Ah, pero Aragón y los Pirineos! Los ibones azules, el vino negro.

Con muchos químicos aragoneses me une vieja amistad y les profeso gran admiración. Algunos, como José Barluenga, se han ido a desarrollar sus ideas a otras regiones de España. Y aunque le duela y tenga nostalgia de su Tardienta natal, es bueno que eso haya sucedido. Si no queremos que nuestro país se vuelva una serie de islitas vulnerables y provincianas, lo menos que podemos hacer es mezclarnos.

De Enrique Meléndez, quien también hizo su tesis en Francia, y, por ello, fue uno de los primeros españoles con quien tuve relación durante mi larga estancia allí, guardo muchos recuerdos. Uno que nunca he olvidado ocurrió cuando invitó al profesor Robert Jacquier, mi director de tesis, a Barcelona. Era enero o febrero, a eso de las nueve de la noche, y hacía mucho frío. Salimos de la Facultad para acompañarlo a su hotel. Enrique salió en mangas de camisa. Jacquier me miró sorprendido e hizo un gesto de extrañeza. Yo le dije: «No es nada, es que es aragonés». Jacquier no lo entendió.

De don Rafael Usón recuerdo un día de tesis que volvíamos de Almonacid de la Sierra. Conducía él, su esposa a su derecha y yo detrás. Amablemente, hablaba conmigo y para ello se volvía completamente hacia mí. Por fortuna la carretera era recta y Sonja no se inmutaba. Pero confieso que no me enteré bien de lo que me decía.

Hace muchos años que conozco a Luis Oro: él me enseño a ver los pirazoles como los ve un químico inorgánico. Recuerdo que, en una comida de homenaje a Javier Solana, Luis se acercó a mi mesa y me dijo que había vuelto a hacer una de las vías clásicas de los Mayos de Riglos, aunque esta vez ya no en cabeza. Eso siempre fue uno de mis sueños imposibles. Gracias a Luis conocí a Daniel Carmona y a Montse Esteban, y, por ello, le estoy agradecido y me considero afortunado. Creo que la ciencia española se asienta sobre pilares como ellos.

Había dejado para acabar estas notas sobre mis recuerdos de Zaragoza a Carlos Cativiela y a José Luis Serrano. Pero temo volverme sentimental.

Ésta es una gran Universidad, con tradición y con futuro. En lo que a la química se refiere, lleva muchos años contribuyendo brillantemente a alguna de sus ramas, y estoy seguro de que va a continuar haciéndolo, en esas ramas y en otras muchas. A pesar de las críticas que se formulan continuamente contra nuestro sistema de selección del profesorado, esta Universidad se ha llenado en los últimos diez-quince años de un grupo de excelentes profesionales. Algunos, entre los menos jóvenes, se preguntan a veces: «¿Serán capaces de remplazarme?». Pues, obviamente, sí. *Nos remplazarán, irán más lejos y harán cosas mejores.*

Sólo un comentario a contracorriente sobre el tópico de la endogamia. Con fecha de 1 de marzo de 2001, *El País* comentaba en su página 27 un artículo publicado en *Nature* por dos biólogos españoles residentes en Edimburgo. Según ellos, sólo el 5 por 100 de los profesores titulares españoles tiene su plaza en una Universidad distinta de aquella en que empezaron su carrera, frente al 50 por 100 de los franceses, el 83 por 100 de los británicos y el 93 por 100 de los estadounidenses. Mi único comentario será: «¿No estaremos mezclando dos cosas? ¿No será que España es una nación profundamente fragmentada en la que todos tienden a permanecer o a volver a su tierra natal?».

Es hora de agradecerles su paciencia y de dar las gracias a todos los que se han obstinado en traerme aquí hoy.

Muchas gracias.

«Discurso de investidura de Doctor "Honoris Causa"» Universidad de Aix-Marseille III, 2002

Quand Gérard Boyer m'envoya, par courrier électronique, une page du Journal officiel en date du 8 janvier 2001 dans laquelle on pouvait lire «Par arrêté du ministre de l'éducation nationale est approuvée la délibération du conseil d'administration de l'université Aix-Marseille III conférant le titre de docteur *Honoris Causa* à M. José Elguero, professeur en chimie organique à l'Université de Madrid, spécialiste de la physico-chimie et de la spectroscopie des hétérocycles, Espagne» je ne pu contenir mon émotion, émotion que je retrouve aujourd'hui.

Monsieur le Président de l'Université d'Aix-Marseille, Monsieur le Professeur Gilbert Peiffer, je m'adresse à vous pour vous faire part de ma reconnaissance pour l'honneur que je reçois. Vous comprendrez que je sois très ému en ce moment puisque moins une distinction est méritée et plus elle touche au cœur.

Montpellier et Marseille

C'est après un court séjour à Grasse, où mes tentatives de devenir parfumeur restèrent sans succès, et sur le chemin de retour vers l'Espagne que, passant par Montpellier, me fut offert la possibilité de faire une thèse doctorale chez le Professeur Robert Jacquier, à l'époque, Maître Assistant à l'Ecole Nationale Supérieure de Chimie de Montpellier dont le Directeur était le Professeur Max Mousseron. C'était en 1957. J'ai fini ma thèse en 1961, déjà au C.N.R.S. où je fais toute ma carrière: Attaché de Recherche en 1961, Chargé de Recherche en 1963 et Maître de Recherche en 1967. De Robert Jacquier, mon maître, j'ai appris (ou, plutôt, taché d'apprendre) des notions fondamentales pour un scientifique: ordre, clarté, concision, détachement, travail. De Montpellier j'ai gardé l'amitié des alors jeunes étudiants de doctorat: Gérard Guiraud, Georges Tarrago,

Philippe Bouchet, Alain Fruchier, Claude Marzin, Jean-Louis Aubagnac, des chercheurs du C.N.R.S. comme René Lazaro, ainsi que des étudiants post-doctoraux: Javier de Mendoza, Leif Knutsson, Carmen Pardo, Mike Peek, Rosa Claramunt et beaucoup d'autres qui ont fait une brillante carrière dans leurs pays d'origine. Ce furent des grandes années.

En 1975, après un séjour en Angleterre (Alan Katritzky), Belgique (André Maquestiau) et Suède (Jan Sandström), nous avons sollicité, ma femme Rosa Claramunt et moi, notre incorporation au groupe du Professeur Jacques Metzger à la Faculté des Sciences et Techniques de Saint Jérôme.

Avant de détruire les vieux dossiers du C.N.R.S., un ami parisien a eu la gentillesse de récupérer récemment le rapport, Mai 1975, que fit Monsieur Metzger à la demande de la Commission. C'est un rapport extrêmement gentil et très positif, dont je me garderai bien de citer des extraits ici. Dire seulement qu'il parle de physico-chimie organique et des méthodes spectroscopiques et non spectroscopiques. Dans un certain sens, on peut dire que son rapport anticipe un peu le moment présent. Personnage fondamental pour comprendre la chimie à Marseille au XXème siècle, Jacques Metzger a des fervents admirateurs et des grands détracteurs, mais personne ne peut discuter sa personnalité exceptionnelle.

Bien que mon bureau et celui de Jacques Metzger à Saint Jérôme étaient mitoyens, je l'ai peu vu, et encore moins discuté de travail avec lui, alors trop occupé par de nombreuses responsabilités. Heureusement, j'ai eu l'immense chance de rencontrer un groupe de jeunes universitaires avec lesquels je me suis tout de suite lié d'amitié. Je dois d'abord citer Jean-Pierre Galy avec lequel je continue à collaborer et sur lequel je sais pouvoir toujours compter. Ensuite, Gérard Giusti, sur le point de prendre sa retraite à Luminy, Emile Jean Vincent et Roger Phan Tan Luu, duquel j'ai tant appris. Finalement mon ami Robert Faure. Il y aurait tant de noms à citer! Je voudrais toutefois remercier en particulier Gaston Vernin pour nous avoir aidé quand on était bien seuls. Il y a des choses, comme dit Brassens, qui vous chauffent le corps et qui brûlent encore dans votre âme.

J'ai eu la fortune de croiser mon chemin avec celui de Marcel Pierrot. Assez tard, d'ailleurs. Quand les cristallographes madrilènes ont décidé de passer de l'étude des petites molécules de chimistes à celui des grandes structures construites par la nature, les protéines, c'est alors que j'ai découvert que Marcel avait fait cela depuis des années. Il a atteint l'objectif de tout chercheur du C.N.R.S.: l'excellence. Quand ont entre au C.N.R.S. on n'a pas l'ambition de devenir Directeur de Recherche, on rêve plutôt d'être un jour considéré comme un grand professionnel. Il y a longtemps que Marcel Pierrot l'est.

Le changement de Montpellier à Marseille m'amène à faire quelques commentaires sur les deux collectifs de chimistes qui y travaillent. Déjà, il y a de cela fort longtemps, quand les laboratoires de Jacquier et de Metzger se réunissaient ici ou là-bas, nous, les montpelliérains, on était surpris, étonnés, charmés mais un peu inquiets, du comportement des marseillais et de leur exubérance. A Montpellier on était «sérieux». Ensuite, j'ai découvert que si la moyenne (l'espérance mathématique) était semblable dans les deux groupes, la distribution était beaucoup plus serrée à Montpellier qu'à Marseille: que les deux collectifs différaient seulement en variance.

J'ai appris qu'à Saint Jérôme travaillait un groupe de chercheurs, universitaires ou du C.N.R.S., extrêmement brillants mais que le bilan n'était pas à la hauteur de l'espérance que leur qualité suscitait. Comme aujourd'hui j'ai l'opportunité unique de parler devant le Président de cette Université et de son antécesseur, ainsi que d'un collectif, un aréopage, de responsables de son bon fonctionnement, et avec la liberté que me donne mon «extériorité» et mon age, je vais me permettre de vous dire mon sentiment. Le prestige de cette Université à niveau international ne correspond pas à la valeur de ses scientifiques: il y a, non pas un problème de personnes, mais un problème de structure. Les joueurs sont bons, mais l'équipe ne fonctionne pas à plein rendement. Marseille se doit d'être une des grandes universités scientifiques du monde: elle a la matière prime, il ne manque que la cohérence, l'unicité des efforts, l'oubli des fautes du passé, la volonté d'aboutir.

Science et chimie. Chimie organique

Nous, les chimistes, nous avons développé un langage d'une grande efficacité. Le problème est que si nous nous communiquons avec aisance en «chimie», nous avons beaucoup de peine à communiquer entre collègues, même des physiciens et des biologistes: n'en parlons pas des juristes! Quand j'ai commencé ma thèse, pour caractériser des substances liquides on préparait des dérivés solides faciles à purifier. Si c'était des produits alcalins, basiques, on utilisait le picrate. J'ai alors découvert l'hilarité que ce nom provoquait en France!

On a dit que la chimie souffre de son propre succès. Les chimistes ont permis au non chimistes de définir ce que la chimie est ou n'est pas. Pour le public, la chimie évoque des cheminées pestilentielles et des rivières contaminées, non des médicaments et des matériaux pour la conquête de l'espace. Pour d'autres scientifiques, politiciens et, surtout, les jeunes chercheurs elle est vue comme une discipline mûre avec ses découvertes les plus importantes derrière elle. Les chimistes racontent une autre histoire, ils parlent avec animation des promesses de l'électronique moléculaire, des défis pour obtenir des sources d'énergie renouvelables et des opportunités pour la recherche pharmaceutique du séquençage du génome humain.

C'est un problème d'une extrême gravité: si la chimie doit accomplir durant ce siècle la moitié de ce qu'elle fit au siècle dernier, elle doit lutter pour attirer les jeunes les plus brillants.

Nous devrions nous rappeler et faire valoir le fait que les premiers travaux sur l'ADN furent réalisés par des chimistes comme ce furent aussi des chimistes qui contribuèrent au développement de la RMN, toutes deux maintenant crédités aux biologistes et aux médecins.

Le CSIC, la Présidence, mon lieu de travail actuel

Presque en même temps, en 1939, mais dans des circonstances politiques diamétralement opposés, se sont crées le C.N.R.S. en France (mois d'Octobre) et le C.S.I.C. en Espagne (que l'on peut traduire par Haut Conseil de la Recherche Scientifique, au mois de Novembre). Avec ses 25.300 employés, le C.N.R.S. est presque cinq fois plus grand que le C.S.I.C. qui n'en a que 5.200.

Pendant un peu plus d'un an, entre Mars 1983 et Mai 1984, j'ai eu la responsabilité de diriger le C.S.I.C. (en Espagne, le Président est aussi le Directeur Général). De cette époque, je ne retiendrai que ma signature le 8 Avril 1983 du protocole de coopération en matière de recherche astrophysique, protocole signé, du côté français, par François Mitterrand, Président de la République et Pierre Beregovoy, Premier Ministre.

Ces années furent une expérience intéressante: tout scientifique devrait passer par une période de gestion. Cela aide a voir en perspective les rapports administrateur/administré.

Conclusion

La vie est un processus chimique mais la vie quotidienne n'est pas faite uniquement de chimie. La nature dans cette partie de la France est magnifique: chacun la vit selon sa sensibilité. Pour moi ce sont les Calanques, le sentier Pagnol et, ici près, la Sainte Victoire.

Il me reste à conclure. Ma vie professionnelle se partage en parts égales entre la France et l'Espagne. Si on la juge selon les publications scientifiques, j'ai beaucoup publié en France et, ensuite, beaucoup publié avec des français. Tout en étant important pour un chimiste, ce n'est pas le plus important. Ce que je suis, doit beaucoup à cette double appartenance. Contrairement au pauvre Rutebeuf, j'ai eu beaucoup de chance. Il a venté fort devant ma porte, mais le vent n'a pas emporté mes amis.

«Discurso de investidura de Doctor «Honoris Causa»»
Universidad de Oviedo, 2009

Entro a formar parte de un grupo de grandes hombres de ciencia que han ostentado u ostentan aún el título de *Doctor Honoris Causa* por la Universidad de Oviedo. Entre ellos Juan Cabrera y Felipe, Severo Ochoa, Francisco Grande Covián, Guillermo Soberón, Julio Rodríguez Villanueva, Günther Wilke (Dr. h.c. mult.!), Antonio González González, Margarita Salas (¡que es química!), Stanley H. Langer, Víctor Sánchez, Abraham Clearfield y Antonio García-Bellido. Hoy comparto este acto con el profesor Ulrich Hauptmanns. El porqué del honor en el *honoris* es evidente, más aún, su compañía me intimida.

En actos similares a este he tratado de evitar caer en la tentación autobiográfica sin conseguirlo. Pero en esta, probablemente última oportunidad, voy a tomar la decisión opuesta, entre otras razones porque quiero dar las gracias a una serie de personas que han cambiado, para bien, mi vida. Y no quiero hacerlo con unas pocas frases estereotipadas sobre los maestros, los discípulos y la familia, al final de este discurso.

Mi vida empieza el 25 de diciembre de 1934 en Madrid, en la calle de Moratín número 7 donde aún resido. Mis padres se llamaban José Elguero y Chávarri, un madrileño descendiente de vizcaínos, y Magdalena Bertolini Macchi, una italiana nacida en Buenos Aires. El 18 de julio de 1936 nos sorprendió, a mis padres y a mi, de vacaciones en Buitrago de Lozoya, un pueblecito de la sierra madrileña. La guerra civil, el exilio, el regreso a España, el bachillerato en San Estanislao de Kostka (y los amigos del colegio), la carrera en la Universidad de Madrid, hoy Complutense (y los amigos de la Facultad), las milicias en Mahón y de vuelta a Madrid en busca de trabajo.

Así hemos llegado a 1957 con 22 años. Aunque tanto Francisco Fariña en Química Orgánica como Jesús Morcillo en Espectroscopía me habían propuesto hacer una tesis, las peculiares circunstancias familiares aconsejaban buscar rápidamente un empleo remunerado.

Mis padres tenían un amigo que fue cónsul de la República en Perpiñán, que se dedicaba a exportar de Francia a España aceites esenciales. Para los que no son "del oficio", se conocen con ese nombre los extractos de las flores (rosa, jazmín, pachulí, lavanda,...) que se diluyen en mezclas de etanol y agua para fabricar perfumes, aguas de colonia y otros productos de belleza. Se le ocurrió al señor Casas, que así se llamaba el amigo de mis padres, crear una sucursal en Madrid y ponerme al frente de ella.

Aquí el destino me jugó una buena pasada. Pensó el señor Casas que sería útil que hiciese una estancia previa en los Laboratorios Lautier Fils, que eran sus proveedores habituales. En su práctica totalidad, la industria del perfume francés estaba concentrada en la ciudad de Grasse, pequeña localidad de media montaña, país de espliego y mimosas, a unos 12 kilómetros de Cannes.

Aunque ya he hablado en alguna ocasión de mi estancia en Grasse, permítanme que vuelva sobre ello con un poco más de detalle. Escribe Thomas Mann en la introducción de *"La Montaña Mágica" "Lo contaremos* (se refiere a la vida de Hans Castorp) *en detalle y minuciosamente, pues ¿cuando ha dependido lo amena o larga que se nos hiciera una historia del tiempo que requiere contarla? Al contrario, sin temor al reproche de haber sido meticulosos en exceso, nos inclinamos a pensar que sólo es verdaderamente ameno lo que ha sido narrado con absoluta meticulosidad"*

La empresa Lautier Fils, que fue absorbida posteriormente, databa del siglo XVIII y la química que allí se hacía el año 1958 consistía en caracterizar los aceites esenciales, que se importaban de Bulgaria, de Egipto y de otros países, con unas técnicas que incluían medir el poder rotatorio (con un polarímetro), el índice de refracción (con un refractómetro Pulfrich), la densidad (con una balanza de Mohr) y el punto de ebullición. Hay que saber que cuando llegó la cromatografía capilar se vio que el aceite esencial de rosas estaba formado por cientos de componentes.

Eso era la "química", la rama plebeya de la perfumería. La rama noble eran los perfumistas, las "narices", un arte raro y muy bien pagado. En aras a mi formación me encerraban (me sentaban) en una habitación con una mesa central y tres paredes con estanterías llenas de frascos con soluciones etanólicas (debía ser alcohol de vino, claro) de diferentes esencias. Varios cientos de ellos. Se mojaban unas tiras de un papel de filtro bastante rígido (*mouillettes*), se agitaban para evaporar el etanol y se intercalaban en unos resortes (*porte-mouillettes*) para su conservación. El objetivo: memorizar esos cientos de olores. Luego venía el perfumista y me traía una *mouillette* desconocida: ¿qué es? No bastaba con decir geranio, rosa, pachulí o lavanda (espliego). ¡Había que distinguir las lavandas según la altura del terreno donde habían sido segadas!

Descubrí tres cosas fundamentales en los cortos meses que pasé en la empresa Lautier Fils: que carecía de aptitudes olfatorias, que no me sentía feliz en el mundo de los negocios y que me seguía gustando mucho la química.

En 1958, de regreso a Madrid en tren, me detuve a pasar unos días en Montpellier donde conocía a varias personas. Allí traté sin éxito de encontrar un trabajo más afín a mi modo de ser, por ejemplo, en una refinería cercana. A punto de coger el tren para Barcelona me dijeron que fuese a ver al Profesor Robert Jacquier que quizás tuviese algo que proponerme. Fui a verle y me dijo que podía hacer una tesis en su grupo, que no podía darme ninguna ayuda económica pero que pensaba obtener pronto una beca del CNRS.

"Pronto" fueron dos años.

En cierta manera, esta biografía empieza en este momento. Hasta aquí -tenía entonces 23 años- me había limitado a transportarme en buena salud y con unos conocimientos razonables hasta donde empieza mi vida de químico. Como escribió Gustave Flaubert "*L'homme n'est rien, l'œuvre tout*» y la obra, modesta para los demás, importante sólo para mí, iba a empezar en 1958. También me recuerda a Richard Dawkins y su gen egoísta, siendo en mi caso la química el gen y yo la «mera máquina de supervivencia». Yo he transmitido la química desde mis maestros hacia mis alumnos. Hay un cuento que relata la historia de un general que al llegar al cielo y preguntarle San Pedro que cuál era su mayor deseo, dijo «Conocer a los grandes militares, Alejandro, César, Napoleón, Manstein,...». No, le contestó San Pedro, los mayores genios militares que han existido son Pedro Sánchez un campesino manchego del siglo XIV y John Sullivan un marinero inglés del siglo XIX. Nunca oí hablar de ellos dijo el general. Bueno, es que vivieron en una época en que no hubo guerras y no pudieron demostrar sus cualidades. Si no me hubiese detenido en Montpellier, no estaría escribiendo estas notas. Yo defendí mi tesis doctoral en Febrero de 1961 a los 26 años.

Ha sido una vida sin sobresaltos. A mí me parece que no hay relación sencilla entre la vida de un científico y la importancia de su trabajo.

Escribe con notable perspicacia Sir Peter Medawar "*Las vidas de los científicos, consideradas como VIDAS (con mayúsculas) son generalmente aburridas de leer. Por un lado las carreras de los famosos y de los meramente comunes se parecen mucho, a excepción de uno o dos grados honoríficos. No podía ser de otra manera. Los científicos raramente tienen vidas grandes o excitantes en un sentido mundano. Necesitan laboratorios, bibliotecas y la compañía de otros científicos. Su trabajo de ninguna manera se vuelve más profundo o convincente por privaciones, penas o embates de la vida. Sus vidas privadas pueden ser desgraciadas, con extraños altibajos o cómicas, pero en ningún caso nos dicen algo especial acerca de la naturaleza de su trabajo. Los científicos están fuera del área devastada de las convenciones literarias, según las cuales las vidas de los artistas y hombres de letras son intrínsicamente interesantes, una fuente de contenido cultural en sí mismas. Si un científico viniera a cortarse la oreja, nadie lo consideraría evidencia de un aumento de sensibilidad*".

Nuestros dos únicos Premios Nobel en Ciencias han dado lugar a dos series televisivas. Dejando de lado guión, dirección y actores, no cabe duda de que la vida de Cajal fue mucho más "novelesca" que la vida de Ochoa.

Otro ejemplo: tan significativas son las contribuciones a las matemáticas de Evariste Gallois (autor de la teoría que lleva su nombre), que murió en París en un duelo a los 20 años (1832), como las de Pierre de Fermat, abogado y parlamentario regional, de vida sin sobresaltos que murió apaciblemente en Tolosa a los 64 años (1665).

Tan importantes son las contribuciones a la física cuántica de Paul Adrien Maurice Dirac (1902-1984), una persona que aborrecía toda extravagancia -se cuenta que *"asked about how he felt when he discovered his famous Dirac equation, after a little though, his answer was: "Good"*-, como las de Enrico Fermi (1901-1954) cuya existencia, no por controvertida, es menos apasionante, o el terrible dolor de Max Planck (1858-1947) de ver a su hijo ejecutado por los nazis en 1945, a punto de acabar la guerra.

Lo mismo sucede con los químicos: de la tragedia de Fritz Haber, el judío ultranacionalista, a la tranquila existencia de Victor Grignard. De Fritz Haber ha escrito, y muy bien, otro judío Roald Hoffmann, en *"Lo mismo y no lo mismo"*.

Si usamos el doctorado como filiación, yo desciendo de Marcellin Berthelot.

Berthelot

Amigo íntimo de Ernest Renan, que influyó en su concepción de la investigación: sólo los hechos, nada de especular. La vigorosa oposición a la teoría atómica por Berthelot y sus alumnos produjo daños enormes a la química francesa que no pudo recuperar su atraso hasta los años 60 del siglo XX. Personaje de gran relevancia en Francia (ocupó diversos ministerios en diferentes gobiernos, fue cuatro veces Presidente de la Sociedad Química de Paris, la precursora de la Société Chimique de France, SCF), su esposa Sophie falleció en 1907 y su pena fue tal que sólo la sobrevivió unas pocas horas.

Émile Jungfleisch

Fue asistente de Berthelot en la Escuela de Farmacia y en el Colegio de Francia. Cuando su maestro fallece es nombrado Profesor de Química Orgánica en el Colegio de Francia. Introduce la noción de "coeficiente de reparto". Coincide con Schützenberger en los ataques a la teoría atómica. Colabora con su alumno Godechot en el tema de los ácidos lácticos ópticamente activos, lo cual le conduce a polemizar con Pasteur. Fue Presidente de la Sociedad Química de Paris (1879). Paul Schützenberger (1829-1897), de una gran familia de cerveceros de Alsacia, fue un notable químico orgánico (tres veces Presidente de la Sociedad Química de Paris) y un gran mecenas. Instituyó el Premio Schützenberger (hoy extinto por falta de fondos) que entregaba la División de Química Orgánica de la SCF: Enrique Moles lo obtuvo en 1929 y el que escribe estas líneas en 1968.

Max Mousseron

Alumno de Marcel Godechot, y hoy casi desconocido (*sic transit gloria mundi*) fuera de Montpellier, donde hay un importante instituto universitario que lleva su nombre "Institut des Biomolécules Max Mousseron", en 1958 era uno de los grandes químicos franceses y una persona de gran influencia y pública notoriedad. Doctor en Farmacia y en Ciencias, era un hombre de atractivo aspecto, con una gran mata de pelo blanco, siempre vestido con suma elegancia y de ademanes imperiosos. Dirigía la Escuela de Ingenieros Químicos de Montpellier que había contribuido a consolidar. Existe en Francia, desde la época napoleónica, un doble sistema de enseñanza superior: las Universidades y las Grandes Escuelas. De estas últimas suelen salir tanto los Premios Nobel como los altos cargos de la administración. Creadas como un contrapeso a la aristocracia acabaron siendo una estructura de elite, una aristocracia de la inteligencia. Eso se notaba por el ligero desprecio de los alumnos ingenieros por los de la Facultad. Todos los profesores de la Escuela eran alumnos de Mousseron y existía gran rivalidad entre ellos incluida la joven esposa de Mousseron, Madeleine Canet, que acababa de volver de una estancia posdoctoral con Barton.

Max Mousseron era originario del Vaucluse, departamento francés donde se encuentra el Mont Ventoux. Empezó siendo Doctor en Farmacia, lo que le llevó a ser Profesor en la Facultad de Farmacia de Montpellier de 1933 a 1941, fecha en la cual sucedió a Marcel Godechot, a la vez como titular de la Cátedra de Química Orgánica de la Facultad de Ciencias de Montpellier y Director del Instituto de Química (1941-1957). En 1957 logró la transformación del Instituto en Escuela Nacional Superior de Química, siendo su primer Director (1957-1972). En 1950 organizó el primer Congreso de Estereoquímica, campo en el que trabajó activamente. Descubre en 1951 el *Biocidan* (bromuro de *N*-hexadecil-2-hidroxi-*N,N*-dimetilciclohexanamonio), un antibacteriano aún usado en oftalmología. En 1972, Mousseron dejó la Cátedra y la Dirección de la Escuela, para dirigir el Centro de Investigaciones de Clin-Midy, hoy Sanofi-Aventis. Era miembro correspondiente de la Academia de Ciencias (1957) y Doctor *Honoris Causa* de muchas Universidades.

Sus tesis fueron: «Quelques applications du microdosage de l'ammoniaque», Facultad de Farmacia de Montpellier, 15 de diciembre de 1927, para obtener el diploma de Doctor de la Universidad de Montpellier; «Recherches chimiques, physico-chimiques et pharmaceutiques sur Brassica Nigra et son essence», Facultad de Farmacia de Montpellier, 9 de julio de 1927, para obtener el diploma superior de farmacéutico de 1ª clase; «Contribution à l'étude de pipérazines substituées (1ère thèse); Propositions données par la Faculté, la dispersion rotatoire (2e thèse)» Facultad de Ciencias, 1931, para obtener el grado de " Docteur ès-sciences physiques". Los trabajos de Mousseron son abundantemente citados (por ejemplo, en el libro de Ernest L. Eliel «*Stereochemistry of Carbon Compounds*», McGraw-Hill, 1962, p. 213). Jerome A. Berson en un artículo titulado «A missed turning point for theory in organic chemistry: molecular orbitals at Montpellier in 1950» (J. Phys. Org. Chem., 2005, 18, 572-577) reconoce la importancia del coloquio organizado por Mousseron (Colloque International sur les Réarrangements Moléculaires et l'Inversion de Walden, Montpellier 24-29 de abril de 1950).

Robert Jacquier

Robert Jacquier (Noviembre de 1963). Foto Alain Fruchier.

Robert Jacquier era, cuando le conocí, un joven Profesor Titular que llegaba a la Escuela en Vespa. Nacido en 1923, me llevaba 12 años. Enseguida simpatizamos aunque nunca llegamos a tutearnos, él siempre ha sido para mi "Monsieur Jacquier". De todas las personas que he conocido en mi vida, ha sido, hasta la ultima vez que nos vimos, aquella con la que me ha resultado más fácil hablar. Una comunicación transparente, sin malentendidos, como si uno hablara consigo mismo. Hemos tenido muchos conflictos, tengo muchas cosas que reprocharle como, sin duda, él tiene muchas que reprocharme a mi. En particular los sucesos de mayo de 1968, aunque llegaron a Montpellier de forma atenuada, rompieron el Laboratorio entre "monárquicos", para los que Jacquier era el rey absoluto, y los "republicanos" que proponían elegir a Jacquier como director perpetuo. Jacquier se negó a ser elegido. Siguió cómo director hasta el final de sus mandatos, pero ya nada fue igual. Ese rasgo de orgullo también se manifestó en algo que tuvo consecuencias importantes sobre mi tesis. De la suya poco se sabe pero es normal si se tiene en cuenta que probablemente la defendió en aquellos terribles años de la ocupación alemana.

Los documentos sobre Jacquier son muy escasos. Fue Director de la Escuela entre 1974 y 1982. Cuando dejó de serlo, se fue a la Facultad (y todos nosotros con él). Creó con los Profesores André Maquestiau (Mons, Bélgica), Jean Deschamps (Pau, Francia) y, un poco más tarde, Jacques V. Metzger (Marsella, Francia) los coloquios de química heterocíclica que aún perduran. En el de 1990, en que tuvo lugar en Toledo, organizado por el que esto escribe, con Marcial Moreno-Mañas, Pedro Molina, Javier de Mendoza y Tomás Torres, se le rindió un merecido homenaje. Muchos químicos españoles han dado conferencias invitadas en dichos congresos. Yo mismo he sido miembro del Comité Científico de los ECHC de 1976 a 2008.

Otra contribución importante de Jacquier à la química orgánica francesa fue la creación del GECO "Grupe d'Études de Chimie Organique" que otros países imitaron. Guy Ourisson creo en 1959 los GECO siguiendo el modelo de las Conferencias Gordon. Para ello contó con el apoyo de un grupo de "jóvenes turcos", tales como Jacquier, Metzger, Levisalles, Casadevall,... Los GECO cambiaron profundamente la química orgánica francesa; poco después fueron seguidos por el SECO "Semaine d'Étude en Chimie Organique" para los más jóvenes. Tuve la suerte de asistir al primer SECO que tuvo lugar en Obernai cerca de Estrasburgo el año 1963, organizado por Jean-Marie Lehn y Jean François Biellmann. Allí acudí con Robert Corriu (hoy miembro numerario de la Académie des Sciences) y Auguste Commeyras como representantes de Montpellier.

Persona extraordinariamente inteligente, Jacquier no alcanzó en química las cimas que estaban a su alcance porque persiguió otras metas: la dirección de la Escuela y los sustanciosos contratos con las empresas farmacéuticas,... A mi me marcó para el resto de mi vida: su orden (llegar al laboratorio por la mañana con todo planificado para sacar el máximo rendimiento), su realismo (hay que buscar el 95% de precisión, más cuesta mucho y sirve para poco –ahora sé que se llama ley de Pareto). De él aprendí a razonar de una manera ordenada, a expresarme con concisión, claridad y cortesía, así como a escribir un artículo científico, en francés y a la francesa: cartesiano; a ser firme en mis convicciones científicas y educado al defenderlas. En muchas cosas he intentado ser como él, pero como se dice *Quod natura non dat, Salmantica non praestat*, y, como he dicho, Robert Jacquier era extraordinariamente inteligente.

Su carrera se puede dividir en tres etapas. 1. Los mecanismos de reacción, entre los que destacan sus aportaciones a la reacción de Ritter [1948, transformación de nitrilos *N*-alkilamidas]. Era ese un tema muy en boga en Francia al que contribuyeron todos los químicos de la generación de Jacquier (Bianca Tchoubar, Jean Jacques, los hermanos Julia, Marc y Sylvestre, Guy Ourisson, André Rassat,...). Esa etapa concluyó bruscamente con el episodio que luego relataré. La segunda etapa sería la de los heterociclos que empieza con mi tesis, 1958, y concluye con mi salida de Montpellier en 1975. La tercera, iniciada antes de 1975, fue la creación del LAPP (Laboratoire des Aminoacides, Peptides et Protéines).

Hasta mi publicación número 17 de 1963, las anteriores fueron comunicaciones cortas incluida la del *Angewandte* de 1962. Dado que yo leí mi tesis en Febrero de 1961, tuve que soportar dos años para empezar a publicar. ¿A que se debieron esos años de espera?

Llevaba yo unas pocas semanas trabajando en el Laboratorio de Robert Jacquier en la Escuela Nacional Superior de Química de Montpellier cuando Mousseron organizó allí un coloquio franco-belga, al que asistí sentado discretamente en el fondo del anfiteatro. Su homólogo belga era Richard Henri Martin de la Universidad Libre de Bruselas, uno de los grandes químicos de esos años, universalmente conocido por sus trabajos sobre los helicenos.

En una de las comunicaciones, Jacquier presentó su síntesis de la biciclo[4.1.0] heptanona o 7-norcaranona que había publicado en 1956 con Mousseron y Renée Fraisse. Se trataba de un éxito notable, pues nadie había logrado prepararla antes, ya que se trataba de una ciclopropanona bicíclica. En las publicaciones de 1956 sólo se daban sus constantes físicas, su espectro ultravioleta y un derivado cristalino, la 2,4-dinitro-fenil-hidrazona, la manera habitual en esa época pre-RMN y pre-espectrometría de masas, de caracterizar un compuesto líquido.

Pero en el mini-congreso de 1958, Jacquier dio el dato de su espectro infrarrojo: banda carbonilo a 1730 cm^{-1} (no recuerdo la cifra exacta pero debía de ser algo así). Martin levantó la mano y dijo "si el carbonilo sale a

1730 cm^{-1}, no puede ser la estructura que ustedes proponen; el carbonilo de la 7-norcaranona debe salir hacia 1900 cm^{-1}."

Silencio en la sala. Nadie pone en duda el argumento de Martin. Han hecho el ridículo. El congreso continúa en la melancolía. Yo ya no supe nada más. Hoy sé que la molécula sigue siendo desconocida. Pero las consecuencias fueron dramáticas. Jacquier dio al año siguiente un excelente curso de infrarrojo que aún conservo. Allí se explica el efecto de la tensión angular sobre la vibración de alargamiento del carbonilo.

Aquí que hay tantos y tan buenos químicos orgánicos, les lanzo el desafío de sintetizar la 7-norcaranona: pequeña, simétrica, sencilla y, sin embargo, nadie ha logrado prepararla.

Jacquier cambió de tema y se pasó a la química heterocíclica. No publicó nada hasta 1963, el tiempo que estimó necesario para que se olvidase el error. Ese mismo año, unos norteamericanos demostraron que el producto de Mousseron-Jacquier no era una ciclopropanona sino una cicloheptenona, un compuesto muy conocido. Las tesis que estaban en curso en su grupo cuando llegué no fueron nunca publicadas.

Como he dicho, los compuestos carbonílicos se caracterizaban como dinitrofenil-hidrazonas. El primer problema que me dio Jacquier para resolver era sencillo, pero había que utilizar métodos químicos. El primer aparato de RMN, un Varian de 56,4 MHz, llegó a Montpellier en 1961. Un espectro de protón del producto de Mousseron-Jacquier da inmediatamente la estructura. Cuántos disgustos se habrían evitado. Hoy es muy difícil equivocarse, aunque ahora contaré otra historia que lo desmiente.

Mi publicación número 17 se llama «Bromación de pirazolinas-2» y apareció en los *Comptes Rendus de l'Académie des Sciences de Paris* en 1963 bajo mi nombre y el de Jacquier. Esta publicación ha sido citada 12 veces.

Ya el gran Curtius en 1898 había descrito que la bromación de la 3,5,5-trimetil-2-pirazolina conducía a un producto rojo inestable que desprendía vapores de bromuro de hidrógeno (ácido bromhídrico decíamos entonces). Lo volví a preparar en mi tesis (aún conservo mis cuadernos de laboratorio: hacíamos las bromaciones sobre 50 gramos de pirazolina para poder destilar el producto que se formaba) y a caracterizar por RMN de protón: los datos "casaban" con una C-bromación pero también podían interpretarse como una N-bromación. La reactividad -se trataba de un potente agente de bromación- favorecía la N-sustitución. Jacquier, mejor químico que yo, defendía el nitrógeno. Yo, si no mejor espectroscopista que él, si más entusiasta, el carbono. Al final el punto de vista de Jacquier prevaleció. En 1966, dos químicos de la Universidad de Chicago, Closs y Heyn, repitieron la reacción, obtuvieron el mismo producto y demostraron sin lugar a dudas que era la C-bromopirazolina.

Lo peor es que usaban argumentos que nosotros conocíamos muy bien: que en las 2-pirazolinas el metilo de la posición 3 se acopla con el metileno de la posición 4 (1 Hz) mientras que en el producto de bromación no se veía tal acoplamiento. Más tarde, en 1967, publicamos un artículo (nuestra publicación número 89) sobre esos acoplamientos, demostrando que el par libre sobre el átomo de nitrógeno de la posición 1, jugaba un papel esencial. Así que quizás el bromo hubiese podido suprimir el acoplamiento metilo-metileno. Otro de los argumentos de Closs y Heyn era la anisocronía de los protones metilénicos (el CH_2 de la posición 4) y también (en ciertos disolventes) de los metilos de la posición 5. Ello era prueba de la presencia de un centro estereogénico en la posición 3 (un metilo y un bromo) mientras que un N-bromo, o bien sería plano o bien se invertiría rápidamente. Después se supo que la sustitución de un H por un Br aumenta muchísimo las barreras de inversión.

Mal empezaba. Es verdad que en nuestro trabajo de 1963 había otras muchas cosas que eran correctas. Pero el día que, hojeando el volumen 22 de la revista *Tetrahedron* de 1966 encontré el artículo de Closs y Heyn, nunca lo olvidaré. Había tenido razón y había cedido en contra de mi convicción. No lo volvería a hacer más. Además, la RMN se convertiría en una de las pasiones de mi vida.

El primer problema que me dio Jacquier para empezar mi tesis se puede resumir así, determinar si la reacción de una hidracina con una cetona α,β-etilénica da una hidrazona o una pirazolina.

Como ya he contado, en aquellos tiempos se usaban las dinitrofenilhidrazonas para caracterizar los compuestos carbonílicos. Pero había una duda. Cuando se trataban compuestos carbonílicos α,β-insaturados con dinitrofenilhidracina ¿se formaban dinitrofenilhidrazonas o dinitrofenilpirazolinas? Como en el caso de la hidracina no había duda de que se obtenían pirazolinas (porque se podían oxidar a pirazoles), a Jacquier se le ocurrió preparar las dinitrofenilpirazolinas tratando las pirazolinas-NH con 1-fluoro-2,4-dinitrobenceno (FDNB). Descubrimos así que los dos productos eran diferentes y que las dinitrofenilhidrazonas no se ciclaban en dinitrofenilpirazolinas. Eso nos llevó a estudiar la oxidación de las pirazolinas-NH en pirazoles-NH (entre otros agentes con bromo), a estudiar la tautomería de los pirazoles-NH y la isomería de los dinitrofenilpirazoles.

Cuando empecé a trabajar sobre el pirazol, tres grandes nombres dominaban el campo. En primer lugar Karl Friedrich von Auwers (1863-1939) alumno de August Wilhelm von Hofmann y de Victor Meyer y director de las tesis de Karl Ziegler y Georg Wittig (la noticia necrológica la escribió Hans Meerwein). Sus contribuciones a la química de los pirazoles e indazoles siguen siendo impresionantes. Apenas hay errores en sus trabajos. Nosotros publicamos uno en 2002 reexaminando alguna de sus contribuciones y se lo dedicamos (M. A. García, C. López, R. M. Claramunt, A. Kenz, M. Pierrot, J. Elguero, *Helv. Chim. Acta* 2002, *85*, 2763): "*Finally, we feel that the present research work is a posthumous homage to the memory of the great German chemist, Karl von Auwers, who was the most prominent figure in pyrazole and indazole chemistry in the last century*".

Los otros dos grandes nombres eran rusos: el académico Aleksei Nikolaevich Kost (1915-1979) y el profesor Igor I. Grandberg (1930), que trabajaban en la Universidad Lomonosov de Moscú. En 1966 publicaron en inglés una revisión titulada "*Progress in Pyrazole Chemistry*" que he tenido la necesidad de consultar a menudo. Coincidí con Kost varias veces, la primera cuando asistió al "Deuxième Congrès International de Chimie Hétérocyclique" (Montpellier 1969). Cuando visité Moscú invitado por la Academia de Ciencias en 1991 solicité visitar a Grandberg (Kost ya había fallecido). Trataron de desanimarnos diciendo que había otros sitios más interesantes. Al final nos llevaron a la Academia Agrícola Timiryazev, en las afueras de la capital. Trabajaba en condiciones lamentables: tapones de corcho, sin reactivos,... Vamos, que estaba castigado, no se por qué razón políticamente incorrecta. Guardo como un tesoro los prismáticos Zeiss de la segunda guerra mundial que él me regaló.

Luego vinieron muchos años de trabajo en campos cada vez más alejados de los pirazoles, pero nunca rompiendo con ellos. Primero en mi tesis y luego en la de los estudiantes que Jacquier tuvo la generosidad de confiarme al mismo tiempo que yo hacía la mía.

El regreso definitivo a España ocurrió en enero de 1980, 22 años después y ya con 46 años. José Mª Fernández Navarro (trabajaba en el Instituto de Cerámica y Vidrio) me escribió en 1979 a Marsella para decirme que había salido a concurso-oposición una plaza de Investigador en el Instituto de Química Orgánica General. Escribí a su Director, Francisco Fariña, para mostrarle mi interés. Me contestó que habían sacado esa plaza para facilitar el regreso de Conrado Pascual (de la UAM al CSIC) pero que, naturalmente, podía presentarme. Le contesté que no lo haría. Resulta que Fariña utilizaba la ayuda de Natividad Palacios, la antigua secretaria de Lora-Tamayo, para su correspondencia. *Motu proprio*, Natividad me escribió para decirme que había una plaza similar en el Instituto de Química Médica, que dirigía Ramón Madroñero y que a este le parecía bien que me presentase a ella.

Con la ayuda de Carlos Corral, Profesor de Investigación de dicho Instituto, preparé las oposiciones (cosa que nunca había hecho en mi vida y que, afortunadamente, nunca volví a hacer). Fueron fáciles porque era el único candidato y porque todos fueron de una exquisita cortesía. Cuando me incorporé al Instituto, me dieron un sitio en un despacho donde ya estaban Carlos Corral, Salvador Vega y Jaime Lissavetzky. Me dijeron "ahí tienes papel y lápiz, es todo lo que podemos darte porque no hay ni para éter". Así que me fui a ver a una persona de cuyo nombre no quiero acordarme, que era responsable de los proyectos en el CSIC. Cuando le dije mi edad me contestó "eres demasiado viejo para hacer investigación, debes dedicarte a la gestión, como yo". Hasta 1980 había publicado 325 trabajos originales, desde entonces he publicado 975 más.

Quisiera acabar con unas consideraciones sobre las colaboraciones. Desde que regresé a España no he tenido un grupo personal; siempre han sido colaboraciones, la más coherente, la que he tenido y tengo aún con Ibon Alkorta. Para evitar todo malentendido (que los ha habido), el sistema es desaconsejable por altamente ineficaz. Haciendo de tripas corazón o de necesidad virtud, fui estableciendo una red de colaraciones que aún dura. Pero convencer no es siempre fácil. Si se juzga por el número de publicaciones puede parecer exitoso, pero el precio a pagar en calidad ha sido excesivo.

Quisiera ahora recordar los nombres de algunas de las personas con las que he colaborado. Todos los nombres serán desconocidos para algunos y algunos nombres serán desconocidos para todos. Pero esos han sido los mimbres que han permitido tejer la cesta.

De Montpellier: Jean-Louis Aubagnac en espectrometría de masas y Alain Fruchier en RMN. Georges Tarragó ha sido el alumno más brillante que he tenido. Su absoluta integridad teñida de intransigencia tuvo consecuencias muy negativas para su carrera. Claude Marzin ha contribuido de una manera muy importante a los trabajos de RMN; la publicación efectuada durante su estancia en California con John D. Roberts (*J. Org. Chem.*, 1974, *39*, 357-363, NMR Studies of Heterocyclic Compounds. XI. Carbon-13 Magnetic Resonance Studies of Azoles. Tautomerism, Shift Reagents, and Solvent Effects) es uno de los trabajos más citados (unas 250 veces).

De Marsella: Robert Faure en RMN, Jean-Pierre Galy en síntesis, André Samat en química supramolecular, Christian Roussel en análisis conformacional y Roger Phan Tan Luu y Michelle Sergent en metodología de la investigación.

De Toulouse: Jean-Pierre Fayet en dipolometría.

De Mons: Robert Flammang en espectrometría de masas. Siento por él una enorme admiración, por sus conocimientos y por la modestia con la que los usa.

De Berlín: el gran Hans-Heinrich Limbach en RMN en estado sólido y efectos isotópicos. Gracias a él tuve durante dos periodos de cuatro años un proyecto europeo, el cual me permitió contratar varios posdoctorales (Catherine Toiron, Nadine Jagerovic, Gloria I. Yranzo). Además, estar en una red con personas como Richard Ernst es muy enriquecedor.

De Córdoba, Argentina: Gloria Inés Yranzo en pirólisis flash. Gloria ha fallecido prematuramente.

De Youngstown, EEUU: Janet E. Del Bene en química teórica particularmente relacionada con la RMN.

De Kurukshetra, India, S. P. Singh en heterociclos.

De Barcelona: nuestra amiga Ermitas Alcalde en heterociclos.

De Murcia: Pedro Molina y Mateo Alajarín en heterociclos. Su colaboración fue muy importante en los primeros años.

De Oviedo: Santiago García Granda en cristalografía. Su ayuda ha sido y es inestimable.

De Zaragoza, Química Orgánica: mis grandes amigos Carlos Cativiela en síntesis y metodología de la investigación; José Luís Serrano en cristales líquidos, y José Ignacio García en química teórica.

De Zaragoza, Química Inorgánica: Luís A. Oro y Daniel Carmona. Compartimos la pasión por los pirazoles, ellos como ligandos, yo por sí mismos.

De Ciudad Real: en Química Orgánica, los alumnos de Carmen Pardo: Enrique Díez-Barra en heterociclos y Antonio de la Hoz en heterociclos y microondas. En Química Inorgánica, Blanca Manzano y Félix Jalón. Ir a Ciudad Real sigue siendo un placer y un privilegio.

De Alcalá de Henares: Julio Álvarez-Builla y Federico Gago en química orgánica física. Espero volver a reanudar nuestra colaboración. De Madrid, Complutense, Ciencias: Carmen Pardo, primero heterociclos y luego bases de Tröger. Entre otras muchas cosas, le debo a Mari Carmen la equivalencia de mi título de Doctor, condición necesaria para mi regreso a España. Pero más allá de la química, me une con ella y con Benito una entrañable amistad.

De Madrid, Complutense, Farmacia: Carmen Avendaño, Modesta Espada y Carmen Pedregal. A Carmen Avendaño la debo mucho más de lo que hoy puedo decir.

De Madrid, Autónoma: Ángeles Monge y Enrique Gutiérrez-Puebla en cristalografía; Manuel Yáñez, y Otilia Mó en química teórica. En todos estos nombres figuran buenos científicos con personalidades complicadas, con los que resulta difícil colaborar por largos períodos de tiempo. Manolo y Otilia son el ejemplo contrario: colaborar con ellos ha sido y es un auténtico placer; Javier Catalán en fotofísica y química física; Javier de Mendoza y Pilar Prados en química heterocíclica y supramolecular.

Madrid, CSIC, Instituto Rocasolano, Sección de Cristalografía: Concepción Foces-Foces, Félix Hernández Cano y Lourdes Infantes. Uno de los aspectos más positivos de mi vuelta a Madrid ha sido la colaboración con Concha y, más tarde, con Lourdes, así como todo lo que el malogrado Cano me enseñó. José Luís Abboud en termodinámica y Resonancia Ciclotrónica de Iones. Pilar Jiménez y Mª Victoria Roux (más el grupo de Porto, María das Dores y Manuel Ribeiro da Silva) en termodinámica y termoquímica.

Madrid, IQM, Pilar Goya en química médica. Nadine Jagerovic en heterociclos y química médica; Isabel Rozas en química teórica; María Luisa Jimeno en RMN. Ibon Alkorta en química computacional. He puesto a Ibon al final para señalar que sin su ayuda (260 publicaciones entre 1989 y 2008) posiblemente me hubiese desanimado. Es imposible decir todo lo que le debo a Pilar Goya. En el IQM siempre me he sentido a gusto a pesar de que mi trabajo es lateral con respecto a la química médica. Algo he aprendido de esa disciplina gracias a mis buenas relaciones con los Laboratorios del Dr. Esteve con las personas que allí han trabajado, Roberto Roser, Segio Erill y Jordi Frigola.

Finalmente, el grupo de la UNED en Madrid: Rosa M. Claramunt y José Luís Lavandera. La colaboración con el Departamento de Química Orgánica y Bio-Orgánica de la UNED ha sido intensa y siempre agradable con todas las integrantes del grupo: Pilar Cabildo, Dionisia Sanz, Concepción López, Pilar Cornago, Dolores Santa María, Marta Pérez Torralba, Mª Ángeles García,... Rosa Claramunt hizo su tesis con Robert Jacquier "Systèmes bicycliques 5,5 à dix électrons π dérivés de l'aza-3a-pentalène» (Abril de 1976). 32 Años y 320 publicaciones después la colaboración aún dura.

El haber mantenido una colaboración de 32 años ha exigido mucha paciencia. Es muy fácil tener ideas y muy humano desear verlas realizadas rápidamente. Muy humano, pero muy irritante.

Una colaboración prolongada no está exenta de dificultades. Diez años se puede considerar un periodo normal tirando a prolongado. Es un simple efecto del dicho *"Parva propia magna, magna aliena parva"* que pone en el dintel del portal de la casa de Lope de Vega en Madrid (calle Cervantes, 11) y que Calderón traduciría años más tarde, en *La viña del*

Señor: *"Que propio albergue es mucho, aun siendo poco/y mucho albergue es poco, siendo ajeno".*

Luego caben dos tipos de separaciones. La cortés, educada, mutuamente respetuosa, que termina la relación profesional, pero mantiene las buenas relaciones e incluso la amistad. Es posible, aunque poco frecuente, que se vuelva a reanudar la colaboración. Hay otro tipo de ruptura, no necesariamente violenta, pero si lo suficientemente desagradable para hacer indeseable todo contacto posterior. Habiendo conocido ambas les puedo asegurar que la primera es mucho mejor, aunque a veces no se puede evitar la segunda. No veo yo diferencias entre Francia y España en este tema: odios intensos mezclados con desprecio mutuo pervierten el ambiente en muchos departamentos e institutos.

Es frecuente, nos ha pasado a todos, conocer dos personas, irreconciliables, y sentir por ambas afecto, respeto y admiración. Más joven trataba de explicar a cada una de ellas el punto de vista de la otra con el resultado de que las dos se disgustaban conmigo. ¡Pasaba de tener dos amigos enfadados a tener dos enemigos que seguían enfadados! Ahora ya no lo intento. Pero sigue ofendiendo mi "espíritu de geometría", como lo llamaba Pascal en el siglo XVII, que lo que a mi me parece tan obvio a ellos les resulte incomprensible.

No hay nada más dañino y esterilizante que las rencillas internas. ¡Cuántas horas perdidas por falta de serenidad! Porque en nuestro oficio no basta trabajar mucho, hay que pensar mucho. Ha dicho Max Perutz hablando de James Watson: *"he never made the mistake of confusing hard work with hard thinking; he always refused to substitute the one for the other".* De qué sirve pasar tantas horas en el laboratorio si la mente está ocupada en recordar afrentas, reales o imaginadas. ¡Es tan fácil sentirse ofendido! ¡Y tan inútil!

En nuestra profesión la rivalidad es inevitable, ya que científicos en el mismo camino deben esperar llegar al mismo destino, a menudo muy cerca. Pero ¿es buena? Algunos la ven como el motor que nos hace superarnos. Pero también puede llevar al desaliento. Algunos superan la humillación de perder, pero muchos se hunden en el desánimo, el alcohol, el cinismo. Se dice que hay seres humanos como el acero que cuantos más golpes reciben más duros se vuelven. La mayoría son como las piedras, duras al principio, polvo después.

Competir está bien pero sin humillar, sin ofender. Hay que saber perder pero, mucho más difícil, hay que saber ganar. No existe nadie totalmente bueno (al menos en la Tierra) pero tampoco nadie totalmente malo. Es fundamental saber reconocer las cosas buenas de las personas malas. Entre otras cosas porque, como ha escrito George Elliot, "*Las personas son casi siempre mucho mejores de lo que sus vecinos creen que son*".

No voy a relatar la historia de la Universidad de Oviedo (creada en 1608) ni siquiera la de su Facultad de Ciencias (creada en 1895). Quisiera sencillamente reflexionar como ha llegado a alcanzar el altísimo nivel su química Orgánica.

Su primer catedrático fue Benito Álvarez-Buylla, quien accedió a ella en 1915. Este había trabajado en Bolonia con el célebre Giacomo Luigi Ciamician, fotoquímico italo-armenio que vivió entre 1857 y 1922. Promovió la creación del primer Instituto del Carbón (1927) y siguió activo hasta 1941 salvo la interrupción de la guerra civil. Cuenta Siro Arribas en su libro de 1984 «La Facultad de Ciencias de la Universidad de Oviedo», que a punto estuvo de desaparecer dicha Universidad en la inmediata posguerra. Le sucedió su alumno José Manuel Pertierra quien, tras una breve estancia en Barcelona, se incorporó definitivamente en 1951. En 1961 trabajó en el Politécnico de Milán con el Premio Nobel de Química de 1963 Giulio Natta (1903-1979). Siguió en la Facultad hasta su jubilación en diciembre de 1973.

Después de un periodo de interinidad, en septiembre de 1975 toma posesión como Catedrático de Química Orgánica por concurso entre Profesores Agregados (él lo era de Zaragoza desde 1972) José Joaquín Barluenga Mur. De la calidad e importancia de sus trabajos no es necesario hablar: sus muchos premios y distinciones hablan solos. Del libro de Siro Arribas saco estos datos referentes al Departamento de Química Orgánica en 1984: Director, José Barluenga Mur; Agregado, Vicente Gotor Santamaría; Adjuntos, Miguel Yus Astíz, Gregorio Asensio Aguilar; Interinos Fernando Aznar Gómez, Pedro José Campos García,

José Manuel Concellón Gracia, Santos Fustero Lardies, Francisco Javier Palacios Cambra.

Han pasado 25 años: no hay duda de que José Barluenga sabía escoger sus alumnos: hoy Vicente Gotor, Miguel Yus, Gregorio Asensio, Fernando Aznar, Pedro José Campos, José María Concellón, Santos Fustero, Francisco José Palacios, Carmen Nájera, Francisco Javier Fañanás, Miguel Tomás, José Miguel González y Fernando López Ortíz ocupan o han ocupado, además de algún Rectorado y de varios Decanatos, cátedras en Oviedo, Valencia, Alicante, Logroño, Vitoria y Almería.

Pero la Universidad, nuestra *alma mater*, está inmersa en la sociedad y, por lo tanto, refleja deformado su entorno: el local, el autonómico, el nacional y, algún día, el europeo. Presumen los noruegos de que en su país no ha habido nunca un escándalo político. Imagino pues que su universidad es diferente de la nuestra. Con sus defectos, sus limitaciones, sus rencillas, sus miserias, la Universidad es lo mejor que tiene Oviedo, Asturias, España, Europa.

En estas ceremonias se suele cantar el *Gaudeamus Igitur* que a mi me sigue emocionando. Su latín medieval es facil de entender (como el gallego de Fraga). Ahora que muchos universitarios con responsabilidades administrativas andan preocupados con Bolonia, bueno es saber que allí se empezó a usar hace casi 900 años. Todo el mundo conoce la primera estrofa y su traducción no es necesaria:

> *Gaudeamus igitur,*
> *Juvenes dum sumus,*
> *Post jucundum juventutem,*
> *Post molestam senectutem,*
> *Nos habebit humus.*

Pero quizás no la última:

> *Alma Mater floreat,*
> *Quae nos educavit;*
> *Caros et commilitones,*
> *Dissitas in regiones,*
> *Sparsos, congregavit.*

que se suele traducir como:

Florezca el Alma Mater,
que nos ha educado,
y ha reunido a los queridos compañeros,
que por regiones alejadas,
estaban dispersos.

El término *"Alma Mater Studiorum"* significa la "Madre Nutricia de los Estudios" o llanamente la *Universidad* y también se usó por primera vez en Bolonia hacia 1088.

No todo el mundo tiene que pasar por la Universidad y hay salvación fuera de ella. Ha habido y hay grandes hombres y mujeres no universitarios. Más antes que ahora, cuando el acceso a la Universidad era más limitado, social y económicamente, políticos como Franklin Delano Roosevelt y Winston Churchill, artistas como Mark Twain, Pablo Picasso, Frank Lloyd Wright y Charlie Chaplin, y algunos hombres de ciencia como Alessandro Volta, Benjamin Franklin y Thomas Edison. Hoy pocos personajes públicos carecen de formación universitaria. Fíjense que el Rey no es universitario, pero el Príncipe de Asturias sí lo es (¡hasta yo le he dado una clase!).

Cajal publica en 1934 un libro titulado «*El mundo visto a los ochenta años. Impresiones de un arteriosclerótico*» que es un poco su testamento (Cajal fallece ese mismo año, el 17 de octubre, a los 81 años). Muchas personas piensan que no debió publicarlo. Se trata de un libro profundamente triste: Cajal tenía muchas ganas de vivir y aún más de conservar su lucidez; notaba que su fin estaba próximo y su cabeza ya no era lo que fue (aquella obra de arte que cada uno debía esculpir como puede leerse en el hospital madrileño que lleva su nombre). A la tristeza, apenas disimulada por su "nobleza baturra", se une la ligereza de sus comentarios. Habría sido necesario un gran filósofo. Eso Cajal no lo era.

Encontrándome yo cerca de esas edades, debo tener en cuenta el caso de Cajal y evitar toda solemnidad en esta despedida. Y para eso lo mejor es dejar de hablar de mi.

Muchas gracias por su paciencia.

«Discurso de investidura de Doctor "Honoris Causa"» Universidad de Montpellier, 2014

Monsieur le Président,
Monsieur le Vice-président,
Madame le Doyen,
Messieurs les Directeurs d'UFR,
Mesdames, Mesdemoiselles, Messieurs,
Chers amis:

Un peu de mélancolie est inévitable quand je pense que j'ai soutenu ma thèse à l'École de Chimie, pas loin d'ici. C'était en Février 1961. Il y a donc un peu plus de 53 ans. L'émotion de 1961 s'est transformée en mélancolie. Pour un non-enseignant, il y a toujours de la tension quand on parle en public, alors comme aujourd'hui. Je venais de l'Université Complutense de Madrid (fondée en 1499 donc 210 ans plus "moderne" que l'Université de Montpellier). Maintenant je suis Professeur Emérite au C.S.I.C., l'équivalent espagnol du CNRS. Notre logotype c'est l'arbre de Raymond Lulle.

En 1961, devant un jury présidé par le Professeur Max Mousseron accompagné par les Professeurs Jean Salvinien et Robert Jacquier. Aujourd'hui, devant deux Présidents d'Université et plusieurs personnes ayant de(s) hautes responsabilités dans l'éducation supérieure de celle ville.

Cervantès a dédié son dernier livre (le Persiles) au Comte de Lemos et Marquis de Sarriá. Sa dédicace dit "Puesto ya el pie en el estribo, con las ansias de la muerte, gran señor, ésta te escribo" que je me sens incapable de traduire et cela vaut mieux car elle est un peu triste.

Quelle meilleure occasion de faire un bilan? Mais comment parler de chimie sans ennuyer les non-chimistes (et peut-être aussi les chimistes) et sans se trahir? La chimie est une science austère avec un langage très sophistiqué mais opaque aux autres. Cela a souvent conduit les chimistes à parler non pas de chimie mais des applications de leur chimie.

L'année 2011 a été, par décision de l'UNESCO, l'année de la chimie. Sa devise, "tout est chimie". Mais pas dans le sens de la réaction de Grignard ou des complexes de Werner. Non. Dans le sens des médicaments, des raquettes de tennis, des lentilles de contact, ou des vestes en Kevlar. C'est juger les chimistes non pas par leur science mais par les fruits de leur recherche.

C'est une erreur. Le moteur qui nous pousse est la curiosité. Le désir de trouver des réponses aux mystères de la nature. Comment s'organisent les molécules dans les cristaux? Quel rapport y a-t-il entre la structure de la molécule d'eau et la forme des cristaux de neige? Quelle forme ont les trous quand on perce le graphène? Chacun a ses questions, toutes valables si leur solution est à notre portée.

Il est bien connu qu'il est presque impossible de prédire l'importance d'une découverte et qu'il faut beaucoup de temps, souvent après la mort du scientifique, pour qu'elle se manifeste.

Dans Les Misérables, publié en 1862, il y a un chapitre intitulé "1817", là Victor Hugo écrit «*Il y avait à l'Académie des Sciences un Fourier célèbre que la postérité a oublié et dans je ne sais quel grenier un Fourier obscur dont l'avenir se souviendra*». Le Fourier obscur c'est François Marie Charles Fourier, le socialiste utopique, le phalanstérien. Celui que la postérité (45 ans pour Victor Hugo) a oublié c'est le baron Jean Baptiste Joseph Fourier.

Aujourd'hui, on ne peut imaginer les spectroscopies et spectrométries sans les séries de Fourier et leur soeur, la transformée de Fourier. Quiconque est allé dans une clinique pour l'imagerie par résonance magnétique, doit être reconnaissant à Joseph Fourier.

Quand je tourne mon regard vers le passé et que je contemple ces 60 ans de chimie, j'ai l'impression que je suis au musée Arles en train de regarder une mosaïque romaine.

Celle que nous avons construite est infiniment moins belle et dans un état beaucoup plus incomplet. Il y a des morceaux assez grands où l'on reconnaît une tête de cheval, une frise, un poisson,... Mais il y a beaucoup de petits morceaux avec des sujets difficiles à identifier. Pire, il y a des fragments si petits qu'ils semblent perdus. Et tout cela au milieu de grands espaces vides.

D'autres les rempliront? Rien n'est moins sûr. Le domaine de la chimie est proche de l'infini. Notre contribution donc, infinitésimale. Oui, il y aura des morceaux qui seront finis. Et il y aura des surprises. Ce que l'on croyait être un poisson s'avérera être une sirène. Mais beaucoup de places, que nous aurions pu remplir, demeureront pour toujours vides.

Parlons un peu des fragments principaux. Mais d'abord, permettez-moi une anecdote. Dans la petite ville catalane de Figueres, pas loin de la frontière française, une fondation m'avait invité à donner une conférence dans le cadre de son beau théâtre.

J'avais choisi, comme sujet, la structure de l'ADN et la lutte entre Linus Pauling, d'un côté, et Francis Crick et Jim Watson, de l'autre. Cela parce que la tautomérie joua un rôle très important.

Bien. Une centaine de personnes. Élégantes et attentives. Quand, après quelques anecdotes, j'arrive au problème de la tautomérie des bases puriques et pyrimidiniques ...

... non, ils ne sont pas partis, ils se sont endormis! (pas tous) Notez que c'était vers huit heures du soir.

En fait, la tautomérie n'est pas un sujet si ennuyeux: c'est assez simple en première approximation. Mais comme écrit Thomas Mann dans la préface de "*La montagne magique*" (dans la traduction de Maurice Betz): "*Nous la raconterons en détail, exactement et minutieusement. En effet, l'intérêt d'une histoire ou l'ennui qu'elle nous cause ont-ils jamais dépendu de l'espace et du temps qu'elle a exigé? Sans craindre de nous exposer au reproche d'avoir été méticuleux à l'excès, nous inclinons au contraire à penser que seul est vraiment divertissant ce qui est minutieusement élaboré*".

Quand un chimiste boit un verre d'eau, il est conscient de deux choses:
La première, c'est qu'il y a beaucoup de molécules d'H_2O: cela tient au fait que le nombre d'Avogadro est très grand, de l'ordre de 6 fois 10 puissance 23 molécules dans une mole d'eau, c'est-à-dire, dans 18 g.

La seconde, c'est que toutes ces molécules dansent frénétiquement. Ces vibrations donnent lieu à des bandes bien connues en infrarouge vers 3600-3700 cm^{-1}, ces fréquences correspondent à une période d'environ 10 femtosecondes. Comme une femtoseconde est égale a 10 puissance −15 secondes, cela veut dire que chaque seconde, chacune des molécules d'eau qui sont dans le verre vibrent, en moyenne, 10 puissance 14 fois.

Ceci est plutôt un phénomène physique que chimique car l'intégrité de la molécule n'est pas affectée: les atomes demeurent toujours liés. Par contre la tautomérie est un phénomène chimique car il y a rupture et création de liaisons. Un proton saute d'une position à une autre dans une molécule. Parfois, directement, parfois en utilisant les molécules du solvant, par exemple d'eau, pour sauter (comme quand on traverse un ruisseau à l'aide des pierres posées).

Le phénomène peut être très rapide ou très lent, mais ne s'arrête jamais et jamais un seul proton n'est perdu. Nous avons montré d'ailleurs que les transferts de protons peuvent avoir lieu dans les cristaux.

Le mouvement des trois atomes d'hydrogène qui sautent d'une molécule de pyrazole à une autre n'est pas un mouvement orbital mais un aller-retour analogue à celui du balancier d'une montre. Mais tandis que celui du balancier a une fréquence de 5 fois par seconde (5 hertz), celui du pyrazole est de 1000 fois par seconde, 200 fois plus rapide.

J'ai préparé ce produit en 1962 et j'ai encore cet échantillon; depuis, ce triple mouvement, cette réaction chimique, a eu lieu 10 puissance 12 fois, un billion de fois, sans abîmer le cristal : "une montre éternelle"

À la tautomérie, nous avons dédié une part importante de notre temps. Comme je l'ai déjà signalé, elle joue un rôle décisif dans la structure de l'ADN, mais aussi dans ses mutations, dans l'équilibre entre les formes neutres et zwitterioniques des acides aminés, ... Un domaine où la connaissance de la tautomérie dans les cristaux est importante est celui des médicaments. Il est bien connu que le polymorphe d'un médicament, c'est-à-dire une autre forme cristalline, peut être breveté s'il possède des propriétés physico-chimiques intéressantes. Si les cristaux sont formés par deux tautomères différents du même principe actif, on parle alors de desmotropie, et comme il s'agit de substances chimiques différentes, le brevet ne couvre qu'un seul d'entre eux.

C'est un premier exemple du lien étroit qu'il y a entre la recherche la plus basique et les aspects les plus appliqués. Mais avant de passer à des sujets plus proches des préoccupations de cette Faculté, deux mots sur un sujet qui nous a beaucoup occupé ces dernières années. Nous sommes passés d'analyser les résultats chimiques, physico-chimiques et spectroscopiques d'une façon qualitative ou empirique à utiliser systématiquement la chimie quantique. Elle est aujourd'hui un outil d'une énorme puissance capable d'expliquer la plupart des observables et commence à être un moyen de piloter la recherche expérimentale en prévoyant les propriétés des composés non encore synthétisés. L'avenir de la chimie dépend de la possibilité de prévoir. C'est bien simple, un hydrocarbure de taille modeste, $C_{167}H_{336}$ a plus d'isomères (plus que 10 à la puissance 80) qu'il y a des particules élémentaires dans l'Univers.

Plus intuitif : avec une collection de 15 molécules de benzène, assimilables à des hexagones (à des tommettes), combien de composés pouvons-nous préparer? La surprenante réponse est : plus de 74 millions. Quand l'humanité s'éteindra, les êtres humains n'auront synthétisé qu'une très petite partie des molécules possibles. Il faut donc prédire celles qu'il faut préparer. Et pour cela, il faut faire des calculs de chimie quantique.

En ce moment, la chimie se divise en trois grands groupes. Celui que l'on peut appeler "la chimie per se". Là travaillent les chercheurs qui développent des nouvelles méthodologies synthétiques souvent pour préparer des quantités importantes de produits naturels. Là aussi toutes les méthodes spectroscopiques et spectrométriques destinées à établir la structure des nouveaux produits. Là, finalement, la chimie physique et la chimie quantique qui travaillent pour établir des fondements, toujours plus rigoureux, de notre discipline.

Le second groupe, proche de la physique, s'occupe des matériaux, des plus classiques, comme le verre, aux plus modernes comme le graphène et les M.O.F (Metal-Organic Frameworks). C'est un domaine où les progrès en microscopie ont été décisifs. C'est aussi un des plus utilisés pour défendre la chimie. Un exemple amusant est le suivant: une seule usine d'acrylonitrile – qui occupe l'extension d'un terrain de football – produit la même quantité de fibres qu'un troupeau de 12 millions de moutons qui, pour paître, auraient besoin d'un pré de la taille de la Belgique.

Le troisième groupe, tant en nombre de chercheurs comme en chiffre d'affaires, est plus que la somme des deux autres: c'est celui de la chimie à orientation biologique proche de la biologie, de la médicine et de la pharmacie. Puisque nous sommes à la Faculté de Pharmacie de l'Université de Montpellier I, je vais donc continuer en parlant brièvement de mon versant "pharmaceutique".

J'ai eu la chance de compter avec des étudiants et des étudiantes d'une très grande qualité; à ceci il faut ajouter la générosité du Professeur Robert Jacquier qui me permit de codiriger des thèses avant d'avoir fini la mienne. Ces années furent pour moi d'une grande richesse. Les docteurs qui en sortirent eurent des postes soit comme enseignants à l'École ou à la Faculté des Sciences (Philippe Bouchet, Alain Fruchier et Jean-Louis Aubagnac bien sûr, Jean-Louis Barascut, Valdo Pellegrin, Louis Pappalardo), soit au CNRS (Georges Tarrago, Claude Marzin), soit dans d'autres établissements publics (Gérard Guiraud au CEA, Emmanuel Gonzalez à l'Université de Perpignan), soit comme chercheurs dans l'industrie pharmaceutique (Nguyen Tien Duc, Raymond Baumes, Claude Coquelet, Jean Marie Pereillo, Sylviane Mignonac-Mondon, Gérard Joncheray, Christian Dittli), soit dans d'autres industries [Bernard Shimizu (industrie du parfum à Grasse), Jean Pierre Chapelle (colorants)]. On voit bien que si l'on exclut les postes dans le secteur public, la plupart d'entre eux trouvèrent du travail dans le secteur pharmaceutique ou secteurs proches.

Ensuite vinrent les chercheurs post-doctoraux (René Lazaro, Anthony Summers, Mike Peek, Dušan Ilavský, Nadine Jagerovic, et tous les espagnols), puis les années de Marseille où j'ai connu Henri Dou, Gaston Vernin, Emile Jean Vincent, Roger Phan Tan Luu, Michel Chanon, Roger Gallo, Christian Roussel, André Samat, Jean-Pierre Galy, Robert

Faure, et tant d'autres. Ce furent des années de maturité mais aussi d'apprentissage.

Finalement, mon retour en Espagne en Janvier 1980 supposa l'incorporation à l'Institut de Chimie Médicale du Conseil Supérieur de la Recherche Scientifique (C.S.I.C.) et la collaboration avec l'équipe de l'UNED (Université Nationale d'Éducation à Distance) qui dirige Rosa Claramunt. Ensuite eut lieu mon entrée à l'Académie Royale de Pharmacie et ma participation à sa vie académique. Là, le 19 février 2009 j'ai prononcé un discours intitulé "Pharmacie et Chimie: Un pays, deux cultures", où j'essayais de définir la place de ces deux disciplines ainsi que leur relation avec la biochimie. La pharmacie est une science, ce sont des études, c'est l'officine, c'est une profession et c'est même une collection de médicaments (tous les laboratoires de chimie ont une petite "pharmacie" pour les accidents). La chimie est surtout une science.

Comme exemple amusant de notre versant "pharmaceutique", nous avons breveté un composé pour traiter le syndrome métabolique:

Les chimistes reconnaîtront la formule du pyrazole, le même composé qui figurait déjà dans le titre de ma thèse de 1961.

De par leur même proximité, chimistes et pharmaciens sont des rivaux. Ernesto Sábato a écrit dans "Héros et Tombes": "on sait que les guerres les plus impitoyables sont les civiles, il suffit de se souvenir des luttes civiles dans l'Argentine du XIXe siècle ou de la guerre civile espagnole". Mais ils sont aussi des alliés. La lutte contre les maladies nécessite des chimistes, des biochimistes, des biologistes, des médecins et, bien sûr, des pharmaciens.

C'est peut-être le moment et le lieu de ses poser quelques questions délicates:

_ Quel doit être le rôle de la recherche académique (universités et grands organismes publics comme le CNRS et l'INSERM) dans la découverte de nouveaux principes actifs?

_ Peut-elle aider à les transformer en médicaments (médecine translationelle)?

_ En quelle mesure contribuons-nous au bien-être de nos concitoyens?

_ Sont-ils corrects nos rapports avec le secteur pharmaceutique? mais encore: sommes-nous assez généreux? Car sans secteur pharmaceutique, quel sens ont nos recherches?

L'industrie pharmaceutique (et il y en a des très importantes dans cette ville) traverse des moments difficiles et sa capacité d'innovation s'épuise. On peut croire que l'arsenal thérapeutique dont on dispose couvre la plupart des besoins. Rien n'est plus faux. Sans parler des maladies rares, dans beaucoup des domaines de la santé, on manque de médicaments efficaces. Comme disait Richard Feynman, "*Il y a beaucoup de place en bas*", beaucoup de recherche fondamentale à faire.

Je pense que ces problèmes ont un rapport avec ce que l'on appelle une société de risque zéro. Sans risque, il n'y a pas de vie, pas de progrès. On accepte les risques d'une intervention chirurgicale mais pas ceux d'un nouveau médicament. J'ai vu une entreprise renoncer à introduire un produit par peur des possibles effets adverses "pas de produit, pas des problèmes". La société est plus sensible aux quelques échecs qu'au nombreux succès. Comme scientifiques, notre devoir est de lutter contre cette image qui nuit au futur de la santé.

Pour finir, je voudrais partager avec vous quelques réflexions d'un chimiste sur la vie. La vie, nos pensées et nos sentiments sont le fruit des molécules et de leurs interactions. Les molécules tiennent ensemble par les liaisons covalentes, sinon l'Univers serait une soupe d'atomes. Mais l'existence des molécules ne suffit pas à la vie: il faut que les molécules se collent les unes aux autres et cela ce sont les interactions faibles, la plus connue étant la liaison hydrogène. La vie, la pensée, les émotions ce sont des molécules qui se joignent et se séparent en utilisant tout un arsenal de forces dans une gamme assez étroit d'énergies. Trop grandes et les molécules restent collées et une sorte d'amas informe et sans vie en résulte. Trop faibles et l'Univers serait un nuage de molécules. La vie n'est possible que dans une étroite fenêtre d'énergies. Si une des constantes universelles avait eu une valeur différente, l'Univers serait dépourvu de vie. Mais s'il n'y avait pas de vie nous ne serions pas ici à nous poser ces questions.

Nous avons consacré les vingt dernières années à étudier les interactions faibles dans leurs aspects le plus fondamentaux, convaincus que c'est le chemin pour comprendre les questions dont je parlais avant. La science ne grandit pas du bas vers le haut, des fondements de la chimie aux problèmes des interactions protéine - médicament. Non, la science grandit à tous les niveaux simultanément. La pyramide se construit partout à la fois. Mais il faut que les fondations soient solides.

Il ne me reste pour finir que la tâche la plus agréable, celle des remerciements. J'ai déjà cité la plupart des personnes avec lesquelles j'ai collaboré: beaucoup sont devenus des amis.

Tout d'abord à M. le Président, Philippe Augé, pour avoir trouvé du temps pour être ici. Je crains que le droit public ne soit un peu éloigné de la chimie.

Ensuite:
À M. le Vice Président, Jacques Mercier,
À Mme le Doyen de la Faculté de Pharmacie, Laurence Vian,
À M. le Directeur de l'Ecole de Chimie, Pascal Dumy.

Finalement:

À M le Professeur Jean Martinez, sans lui, cet aujourd'hui n'aurait pas été possible.

À Mme le Professeur Sylvie Rapior. Puissent les composés organiques volatiles des champignons nous rapprocher une nouvelle fois.

À tous ceux qui sont venus écouter les souvenir d'un ancien de Montpellier, merci.

«Discurso de investidura de Doctor "Honoris Causa"»
Universidad Nacional de Educación a Distancia, 2019

«Más vale vivir en la contradicción que en la complacencia»

Como en otras disciplinas, y en general en toda la ciencia, la química vive en una permanente contradicción. El enorme y continuo desarrollo de la disciplina exige especializarse cada vez más para poder tener conocimientos actualizados de los nuevos resultados. Pero simultáneamente, hay que ser cada vez más interdisciplinar pues es en las zonas frontera donde se producen los descubrimientos más importantes. Esa imposibilidad produce gran tensión y la única salida es colaborar.

(Profesora Rosa María Claramunt, lección de apertura de curso, octubre 2017).

Voy a empezar por una anécdota que, como la mayoría de ellas, no es estadísticamente significativa pero que para mí fue muy importante. Era el año 1980 y acabábamos de llegar de Francia cuando me incorporé al Instituto de Química Médica del CSIC. Me llevaron a un despacho donde estaban sentados Carlos Corral, quien tanto me ayudó a volver a España, Vicente Gómez Parra, el hijo de don Vicente Gómez Aranda, y el que luego sería mi amigo, Jaime Lissavetzky. Me indicaron mi sitio y Carlos me dijo «ahí tienes papel y lápiz porque no hay ni para éter».

Yo volvía con la reputación de haber publicado mucho, lo que se atribuía al hecho de haber trabajado en Francia. Se sobreentendía que iba a aprender lo que costaba publicar en España. Tuve la suerte desde el principio de contar con el apoyo del grupo de química orgánica de la UNED. Luego, poco a poco, con el de otros grupos en las Facultades de Farmacia de Madrid (Modesta Espada había hecho su post-doc con nosotros en Marsella) y de Barcelona (gracias a la amistad de otro «afrancesado», Enrique Meléndez, y con él las de Javier de Mendoza y Ermitas Alcalde), a las Facultades de Ciencias de Madrid (Carmen Pardo había trabajado con nosotros en Montpellier), Murcia (donde aún tengo muchos amigos), Ciudad Real, Alcalá de Henares, Zaragoza, Oviedo... La situación en el Instituto de Química Médica mejoró y allí pude sentirme a gusto gracias a Pilar Goya, Ibon Alkorta y, más recientemente, a Felipe Reviriego. Al final, en Francia publiqué unos 300 trabajos (entre 1959 y 1980) y en España unos 1400 (entre 1980 y nuestros días). Es verdad que la productividad ha aumentado mucho, pero pasar de 15 publicaciones al año a 35 se lo debo a todas las personas que he citado y a otras muchas más, tanto de España como de fuera de ella: Concepción Foces, Carlos Jaime, Albert Virgili, Javier Catalán, José Luis Abboud, Carlos Cativiela, José Luis Serrano, Mercedes Marcos, Julio Álvarez Builla, Juan José Vaquero, Ana Cuadro, Carmen Avendaño, Francisco Aguilar, Pedro Molina, Mateo Alajarín, Otilia Mó, Manuel Yáñez, Merced Montero-Campillo, Enrique Díez Barra, Antonio de la Hoz, Félix Jalón, Blanca Manzano, Juan Jesús López González, María del Mar Quesada, Javier Zúñiga... dentro y Alan Katritzky, Hans Limbach, Mikael Begtrup, Minh Tho Nguyen, Alain Fruchier, Jean-Pierre Galy, Robert Faure, Janet del Bene, Aurora Cruz-Cabeza y tantos otros, fuera.

El grupo del Departamento de Química Orgánica y Bio-Orgánica de la Facultad de Ciencias de la Universidad Nacional de Educación a Distancia debería ser citado íntegramente. La mayoría están hoy aquí. A todas ellas y ellos, gracias.

Y también a todos los que ya no están.

En total, unos 1200 coautores. En estas ocasiones siempre se dice que la distinción la recoge una persona pero solo porque no pueden venir todos a recogerla. ¡Imagínense si hoy viniesen los 1200! Al menos, el alrededor de un millar que aún siguen vivos.

La segunda cosa que se suele escuchar en este tipo de ceremonias es «no lo merezco». Les voy a recordar, porque es sobradamente conocida, una anécdota de Don Miguel de Unamuno, entonces rector de Salamanca.

El Rey Alfonso XIII, una vez en el Palacio Real, le dio la distinción a Unamuno. Y don Miguel, cuando hizo uso de la palabra para dar las gracias, dijo: «Gracias Majestad, por este premio que tanto me merezco».

Cuando después se quedaron tomando un vino, el rey se le acercó y le dijo: «Don Miguel, la verdad es que me ha extrañado mucho su discurso, porque el resto de los catedráticos, cuando les damos un premio, siempre dicen 'muchas gracias por este inmerecido premio». A lo que don Miguel replicó: «Bueno, es que en el caso de ellos, tienen toda la razón». Ni soy Rector ni mucho menos soy don Miguel, así es que en mi caso debo coincidir con la mayoría y reconocer que esta distinción es inmerecida.

La tercera cosa habitual es pedir perdón al conyugue y a la familia por haberles sacrificado dándoles las gracias por la ayuda prestada. A mí, decir eso, me cuesta porque me da la impresión de que si están sinceramente arrepentidos no deberían haberlo hecho y, si aún son jóvenes, no deberían continuar haciéndolo, lo cual, siempre hacen. Es cierto que una carrera científica implica una dedicación muy intensa que conlleva dedicar menos tiempo a la familia, a los amigos, a la vida social, a las distracciones y a la política. El profesor Alan Katritzky (Doctor *Honoris Causa* por esta Universidad en 1986) cuando le pregunté en la Universidad de East Anglia en Norwich cuántas horas trabajaba me contestó «menos que en Cambridge» y como me quedé mirándole insatisfecho con su respuesta añadió a regañadientes «unas cien horas a la semana». Eso está muy lejos de mi capacidad de trabajo, pero ilustra cuán difícil es conciliar trabajo y humanidad. Sin embargo, salvo si uno es un genio como Richard Feynman, no se me ocurre como resolverlo. Sirva una cita de Feynman como ejemplo: «Aprendí muy pronto la diferencia entre conocer el nombre de algo y saber algo».

Que no se entienda esto como un panegírico al trabajo por el trabajo. Cuenta Judson, en su libro «*El octavo día de la creación*», que Max Perutz le dijo hablando de Jim Watson: «*Parte de su éxito es que nunca confundió trabajar mucho con pensar mucho, siempre se negó a sustituir lo uno por lo otro*».

Siendo este, muy probablemente, mi último discurso ante un auditorio tan prestigioso, quisiera hablarles de algunos temas que me han preocupado y que aún me ocupan.

Ciencia y pseudociencias

Ciencia solo hay una, pseudociencias hay muchas. ¿Por qué se mantienen las antiguas y por qué surgen nuevas? En el campo de la salud, por el sufrimiento y por la muerte. Como ha escrito Josep Plá en el *Cuaderno Gris*, «*es incontable el número de personas que piensan que no se han de morir nunca, que están absolutamente seguras —en virtud de la seguridad inconsciente, que es la más fuerte— de quedarse para siempre en esta tierra. Casi todo el mundo, quizá todo el mundo*».

Si los métodos ortodoxos no tienen efecto, probemos cualquier alternativa, piensan los pacientes o sus familiares. Es como dar al alma morfina en dosis masivas.

Desgraciadamente a ello se unen grandes científicos que tratan de dar una base racional a la superchería. El caso más conocido es la homeopatía, cuyas bolitas de azúcar ni curan ni pueden curar. Sin embargo, el inmunólogo francés Jacques Benveniste (1935-2004) propuso que, aunque solo había agua al final de tantas diluciones, el agua tenía memoria y recordaba en su estructura íntima el principio activo que allí hubo. Estaba total-mente desprestigiado cuando acudió a su ayuda el Premio Nobel de Medicina Luc Montagnier (nacido en 1932), premio que obtuvo, con otras dos personas, en 2008 por el descubrimiento del virus del SIDA. Pretende Montagnier que el ADN de bacterias y virus envía ondas electromagnéticas cuando están en soluciones acuosas extremadamente diluidas... como las de la homeopatía.

Predicciones

Vamos a predecir que las teorías de Benveniste y Montagnier van a ser olvidadas porque no son ciencia por muy gran-des científicos que sus autores fueron o sean. En mi opinión, predecir el futuro, o es trivial o es imposible. La historia está llena de fracasos espectaculares. William Thomson, Lord Kelvin, cuando escribió que era imposible que se pudieran construir máquinas voladoras más pesadas que el aire. O Robert Stephenson, el ingeniero más grande del siglo XIX, cuando afirmó que el Canal de Suez nunca se podría construir.

Porque esas teorías no eran hipótesis de trabajo sino afirmaciones dogmáticas. Hipótesis de trabajo es, por ejemplo, proponer que antes de establecer las interacciones no covalentes, la energía vibracional del fármaco afecta al receptor, lo prepara para ser recibido, como ha propuesto Luca Turin para el sentido del olfato. Las moléculas «cantan» en el infrarrojo (en la zona entre los 300 GHz y los 300 THz); los humanos, en la de los 100 a los 1000 Hz (por eso no las «oímos»), pero quizás estén intentando decirnos algo.

Frente a tamañas osadías, Primo Levi ha escrito en su libro *"El sistema periódico"*:

> *"Era bastante consciente del riesgo que corría, pero sabía también que el derecho a equivocarse lo va uno perdiendo con los años, y que por lo tanto el que quiera aprovecharse de él no debe dejar pasar demasiado tiempo".*

El cambio climático

Nadie lo pone en duda como tampoco que el hombre del antropoceno contribuye a ello. Pero si el hombre cambiase radicalmente su derrochadora manera de vivir, ¿dejarían de subir las temperaturas? ¿Dejarían de fundirse los casquetes polares?

Porque hay algo llamado los ciclos solares de Milankovitch que duran uno de ellos 6.000 años y el otro 23.000 años que existirán aunque no hubiese humanos en el sistema solar y que modifican nuestro clima de una manera profunda. Cosas como la «Pequeña Edad de Hielo» hacia el año 1.300, o el «Máximo del Holoceno» (8.000 a.C.), deben hacernos comprender que ni somos culpables de todo, ni tan poderosos como para poner remedio a todo. ¿A ver si nos va a pasar como al Ángel Caído, que pecamos de orgullo?

Mujeres

Una frase bien conocida, aunque no se suele citar su autor, dice: «La política consiste en encontrar soluciones concretas a problemas concretos».

¿La solución es una mujer Presidenta del CSIC o una mujer Rectora de la UNED? Eso está bien, muy bien, pero es algo engañoso. ¿Es que hay más igualdad de género en Alemania porque la preside Angela Merkel, que en los países nórdicos? Pues no, Alemania ocupa el puesto número 12 mientras que las cuatro primeras naciones son Islandia (1.ª: la preside un hombre), Finlandia (2.ª: también), Noruega (3.ª: tiene un rey, pero una primera ministra) y Suecia (4.ª: rey y primer ministro hombre).

He leído que la brecha en la igualdad de género en el mundo solo se cerrará dentro de cien años, y que en el 2017 se constató un retroceso de la paridad por primera vez en una década debido sobre todo a la desigualdad en el lugar de trabajo y en representación política.

«Detrás de todo gran hombre hay una mujer». Frase que, con una coletilla irreverente que omitiré, dijo Groucho Marx. Es evidente que de Groucho solo es la coletilla, la frase debe ser muy anterior. Es una frase profundamente irritante porque o bien se refiere a que en cualquier pareja, si se llevan bien, se ayudan mutuamente, lo cual es una pavada, como dirían los argentinos. O bien se supone que el papel de la mujer es secundario porque nunca se oye «detrás de toda gran mujer hay un hombre» aunque se trate de Margaret Thatcher o de Angela Merkel (por cierto la primera química que se especializó en cristalografía bajo la dirección de Dorothy Hodkin y la segunda química teórica que trabajó con Rudolf Zahradník).

Excelencia y endogamia

Estamos en una de las grandes universidades españolas donde se oyen a menudo las palabras excelencia y endogamia. Ninguna de las dos me gusta.

«Cuando oigo la palabra excelencia me entran ganas de devolver» ha escrito Jean-Paul Malrieu, uno de los mejores teóricos franceses, un excelente químico. Seguro que la formulación les parece excesiva, pero yo he escuchado en el Salón de Actos del CSIC a alguien decir «¡Hay que aprovechar la crisis para acabar con todos los grupos que no sean excelentes!». Lo que horroriza a Malrieu y a mí también es que los que dicen que solo

tienen cabida en la Universidad los excelentes, todos, sin excepción, ¡se consideran a sí mismos excelentes! Y eso, éticamente, es reprobable.

La endogamia es para muchos la causa de todos los males de nuestras universidades. Luego uno mira sus currículos y resulta que han hecho la tesis en la misma Universidad en la que ahora son profesores. O bien que han intentado volver a su alma mater sin éxito. Pero queda bien «dar cuchilladas a los cueros de vino» de la endogamia. La realidad es mucho más compleja, cuenta mucho que España sea un país muy fragmentado, donde frecuentemente pesa más «la patria chica» que la «patria», cuenta también que el sistema español obliga a convivir muchos años a las mismas personas en un Departamento cuyo equilibrio depende de su capacidad de integración.

Nuestra contribución a la química

Había pensado contarles algo de nuestros trabajos. Luego recordé que en 1983, cuando resulté elegido Presidente del CSIC, en una comida, uno de mis amigos del colegio me dijo que había leído en los periódicos que yo era un experto en tautomería; ni que decir que no era químico, ninguno de ellos lo era.

Cualquier químico presente en esta sala puede explicar lo que es la tautomería, incluso hacer un par de dibujos. El oyente, sea cual fuere su profesión, lo entendería y pensaría «pues vaya». Porque no podría darse cuenta de que la noción de tautomería permea toda la química, que tiene aspectos bien conocidos y otros que hay que investigar, no vería que las propiedades biológicas de ciertos fármacos y las propiedades físicas de ciertos materiales dependen de ella.

Así es que no les voy a aburrir con esas palabras que tanto nos gustan a los químicos pero sí reflexionar con lo que quedará de nuestros trabajos. Por un lado, en soporte de papel y ahora, mayoritariamente, electrónico almacenado en miles de sitios, nuestras publicaciones, que salvo desastre mundial, serán accesibles dentro de cientos de años. Por otro, que sean accesibles no quiere decir que sean consultadas. Las mejores pasarán al fondo anónimo de la cultura química. Las otras irán perdiendo interés y serán olvidadas.

En vez de contarles algo de nuestros trabajos permítanme que les cuente algo que ocupa mis pensamientos desde hace mucho tiempo. Es muy sencillo de entender:

Primero: las moléculas están formadas de electrones, protones y neutrones; de estas partículas elementales hay muchas, exagerando unas 10 elevado a 100 en el universo, incluida la materia oscura. **Segundo:** se conoce con el nombre de isómeros todos los compuestos que tienen idéntico número de cada tipo de átomos; por ejemplo, todas las moléculas de fórmula $C_{13}H_{11}N$ (13 carbonos, 11 hidrógenos y 1 nitrógeno) son isómeras. **Tercero:** en cuanto una molécula tiene más de 500 átomos su número de isómeros es mayor que 10100, es decir, más que partículas elementales hay.

Primera conclusión: cuando se extinga la humanidad habremos preparado una ínfima parte de las moléculas posibles (hoy hay unas 200 millones, $2x10^8$); ¿qué propiedades tendrían las moléculas que nunca prepararemos? ¿que enfermedades habrían curado? ¿Qué materiales habríamos construido con ellas? **Segunda conclusión:** necesitamos métodos fiables de predicción de propiedades para sintetizar aquellas moléculas con propiedades interesantes.

Hoy día para hacer esas predicciones usamos dos métodos. Uno empírico que a su vez puede estar formalizado matemáticamente, las relaciones extratermodinámicas, o no. En ese último caso, usamos pantogramas mentales «A es a B como C es a D». El otro es el uso de la mecánica cuántica que denominamos química teórica.

Para avanzar en el proceso de mejorar nuestras predicciones empíricas usamos el crecimiento pasivo, no dirigido, de la síntesis y evaluación de nuevas moléculas (ahora alrededor de 200 millones) y la mejora en la instrumentación que nos da información cada vez más detallada y precisa.

El avance de las predicciones *ab initio* depende del hardware (¿ordenadores cuánticos?) y del software. En software los métodos del funcional de la densidad fueron un salto cualitativo no esperado; ahora no se vislumbra un segundo salto. Pero si los hubo, los habrá, respetando el principio de mediocridad que tanto le gustaba a Wagensberg.

Santiago Ramón y Cajal

En España un científico no puede hablar en público sin citar a Cajal. No era muy feminista, pero sería un error juzgarle como si fuese nuestro contemporáneo (nació en 1852). Como muchos hombres de su tiempo, era progresista en ciencia y moderadamente conservador en política.

Carta al director de *El Sol* (19 de junio de 1921, tenía Cajal 69 años):

"Por encima de la abeja está el enjambre. Poco importa mi persona. Tengo plena convicción de mi caducidad. Con todo esto quisiera tener el consuelo de caer en el surco recién abierto, no cual piedra inerte, sino cual semilla viva".

Conclusión

Cada uno de nosotros, cual sea su lugar y sus méritos, desea que algo de él quede, que su recuerdo perdure algún tiempo. Hay nombres que perduran siglos, otros años, algunos apenas unos meses. Unos serán estudiados en todas las universidades del mundo, otros, en alguna de su país. Sea cual sea nuestro destino, bienvenido sea. Siempre será más de lo que nos merecemos.

Gracias Magnífico Señor Rector de la UNED, Gracias Profesora Concepción López, Gracias a todos por su paciencia.

Capítulo 2

Ciencia y compromiso social

Intervenciones en el CSIC, Premios,
Academias Nacionales y otras Instituciones

«Discurso inaugural del nuevo Presidente»
CSIC, 1983

Bajo la presidencia del Ministro de Educación y Ciencia, José María Maravall, y en el Salón de Actos del Consejo, Serrano, 117, pronunció el día 18 de abril su discurso inaugural el nuevo Presidente del C.S.I.C., José Elguero Bertolini, que reproducimos íntegramente.

Afortunadamente para todos, y eso es algo que debemos al equipo anterior, no necesito empezar hoy mi discurso inaugural como lo hizo Alejandro Nieto el 23 de julio de 1980: «A la hora de reflexionar sobre el C.S.I.C., resulta inevitable partir de una constatación dolorosa, que no parece honesto ocultar: la mala imagen que el Consejo ofrece actualmente a la opinión pública.» La situación actual sigue siendo preocupante pero es bastante más favorable que cuando accedió a la Presidencia del C.S.I.C. mi antecesor. El Presidente, Alejandro Nieto; los Vicepresidentes, José Antonio Muñoz-Delgado y José María Gómez Fatou, y el Secretario General, don Lucio Rafael Soto, se han entregado totalmente a la tarea de dirigir el Consejo y si no han alcanzado todos los objetivos previstos ello no se debe a falta de entusiasmo sino a circunstancias externas.

Señoras y señores. Este va a ser un discurso grave, pues serios e importantes son los problemas que tiene que afrontar y resolver nuestro país en los próximos años. La gravedad del tono no excluye el entusiasmo para realizar las tareas fijadas ni afortunadamente, la falta de sentido del humor en el trabajo cotidiano: gravedad no implica tristeza.

Posición del C.S.I.C. en la Sociedad

Hay que considerar al Consejo como una gran riqueza del país, como lo son las minas de Almadén o el Museo del Prado. Una gran riqueza por su patrimonio, pero sobre todo por los cinco mil hombres y mujeres que trabajan en él. Es nuestra responsabilidad ante la sociedad cuidar esta riqueza. Es nuestro derecho, si así lo hacemos, recibir muestras de consideración de la sociedad.

El Consejo Superior de Investigaciones Científicas es un Organismo Autónomo de la Administración del Estado, dotado de personalidad jurídica y patrimonio propio, adscrito al Ministerio de Educación y Ciencia. Pero el Consejo no debe ser un Organismo aislado.

El Consejo debe vertebrarse de manera más fluida y dinámica en el Ministerio de Educación y Ciencia, no sólo en el sentido administrativo, sino primordialmente en el sentido científico y de planificación, con la Secretaría de Estado de Universidades e Investigación y con la Dirección General de Política Científica. Las excelentes relaciones humanas con las personas que dirigen estas instituciones y, sobre todo, la existencia de un programa político coherente de potenciación de la investigación científica garantizan el funcionamiento de la articulación Consejo-Ministerio de Educación y Ciencia.

Esta coordinación vertical implica que el Consejo es el órgano ejecutor de una parte importante de la política científica del Gobierno, política científica que el C.S.I.C. debe contribuir a elaborar. Aún conscientes de que nuestro papel es consultivo, creemos que el Consejo ha pecado por defecto en la elaboración de la política científica. Aunque existen honrosas excepciones, el Consejo no ha asumido su papel de colectivo de reflexión. Hay que reequilibrar el tiempo de trabajo dedicando más atención a una reflexión critica de las líneas de investigación. Sólo así podremos ser realmente útiles y asumir un papel proporcional a nuestra importancia numérica y económica en la planificación de la política científica y tecnológica.

El Consejo debe simultáneamente proceder a una integración horizontal, con las Universidades, las Academias, los Organismos Públicos de Investigación y las empresas, tanto del sector público como del sector privado.

Las relaciones con la Universidad han progresado notablemente, gracias en particular a los esfuerzos de José Antonio Muñoz-Delgado. Las conversaciones con la Universidad Complutense de Madrid están muy avanzadas y se desarrollan en un clima de gran cordialidad. También han progresado las conversaciones con la Universidad Autónoma de Madrid, con la que se espera firmar un acuerdo similar al que existe con la Universidad Complutense. En este sentido está a punto de aparecer un decreto que regulará las relaciones de las Universidades con otros Centros. Este decreto deberá favorecer y facilitar los acuerdos-marco, que concebidos sobre una base paritaria, buscan racionalizar, poner orden y facilitar las relaciones entre los dos Organismos. La participación del Consejo en la enseñanza, la estructura de los centros coordinados, la movilidad del personal entre los dos Organismos, la complementariedad de las líneas de investigación, son algunos de los temas que debemos discutir y resolver. En la medida en que se clarifiquen las relaciones se podrá avanzar audazmente en una profunda compenetración.

Las Academias y el Instituto de España están vinculados al Consejo orgánicamente, por medio de su representante en la Junta de Gobierno, y personalmente por aquellos académicos que pertenecen al Consejo. Deben buscar ambas instituciones formas de cooperación, por ejemplo en las relaciones internacionales, en la organización de una enseñanza de muy alto nivel, en la elaboración de una historia de la ciencia española y en otros muchos campos que surjan al filo del diálogo que pensamos establecer con ellos.

La noción y definición de Organismo Público de investigación debe mucho a mi predecesor. El examen de las competencias y proyectos de investigación de los O.P.I.(s), muestra claramente una complementariedad (a veces, incluso una duplicación) de las líneas de trabajo. Aunque existen Centros en los que trabajan personas procedentes de diferentes O.P.I.(s), es evidente que queda mucho por hacer. En campos como la biotecnología, la biología marina, la farmacología, la ciencia de los materiales, las ciencias agrarias, la planificación de la investigación experimental, etc., existe la posibilidad, más aún, la obligación de intentar establecer relaciones, programas y de compartir medios para objetivos comunes.

En este período en el que el problema del paro es uno de los componentes más graves y angustiosos de la realidad nacional no se deben regatear esfuerzos para conseguir que la empresa española sea científicamente desarrollada y tecnológicamente competitiva. En este aspecto, los Centros Sectoriales tienen un papel crucial que asumir. Pero es deber de todos el reflexionar sobre las formas de colaboración, que no pueden limitarse a realizar tareas de servicio. Como muchos países de Europa tenemos el desafío vital no sólo de hacer investigación de alta calidad sino de conseguir satisfacer la demanda social. Tenemos que ser capaces de desarrollar y explotar los resultados de nuestros descubrimientos; si no, económicamente, podría resultar desastroso. Para conseguirlo hay que vincularse con las empresas, buscar nuevos modelos de Asociaciones de Investigación y hacer conocer a los empresarios lo que es el Consejo y lo que puede hacer.

Esta integración horizontal debe acompañarse de una preocupación por la financiación externa. Cada centro individualmente (y sabemos de algunos éxitos notables) y el C.S.I.C. colectivamente deben tener presente este problema, al cual se le va a dar mayor importancia.

No quiero abandonar el tema de las relaciones del Consejo sin hablar de las internacionales. En primer lugar, debo nuevamente resaltar la tarea ejemplar realizada por José Antonio Muñoz-Delgado. En la actualidad el C.S.I.C. representa a España en muchos organismos internacionales y en muchas ocasiones protocolarias. Lo primero supone unos gastos muy elevados que esperamos que asuma, al menos parcialmente, la Dirección General de Política Científica. Lo segundo, implica una dedicación intensa del Presidente y una casi exclusiva de un Vicepresidente, en detrimento de otras tareas y, en particular, de la más importante de ellas, la reflexión. Es pues necesario proceder a una racionalización de este tema, teniendo presente los intereses propios del Consejo y los intereses del país. Simultáneamente hay que hacer participar a los Centros en los programas internacionales, por ejemplo, nombrando en cada Centro o Edificio un encargado de relaciones internacionales responsable de difundir y promover los intercambios científicos con otros países, sobre todo del personal joven.

Posición del C.S.I.C. en España:

Problema de las transferencias

Hay que dejar bien claro que se trata de un problema de Gobierno quien tomará la decisión que estime más oportuna, previa discusión con las diferentes Comunidades Autónomas. Contrariamente a lo que puedan pensar ciertas personas, no se trata de un problema dramático, sino de algo que el personal del C.S.I.C. debe asumir y superar. Por nuestra parte deseamos que se proceda con cordura y tranquilidad, buscando entre todos la mejor solución para la ciencia española compatible con las necesidades socio-económicas de cada Comunidad.

Creemos que debe subsistir, en cualquier caso, una estructura científica a nivel nacional. Y ello por diversas razones: porque creemos que una coordinación temática es imprescindible, porque estamos convencidos que la movilidad del personal investigador entre Centros situados en diferentes Comunidades Autónomas de España es la única manera de evitar el empobrecimiento científico de los equipos, porque nos parece disfuncional el multiplicar los Centros especializados que tienen en este momento capacidad sobrada para tratar los problemas nacionales.

El nuevo equipo directivo tiene intención de promover una reflexión sobre las transferencias autonómicas, recogiendo las opiniones del personal del C.S.I.C. sobre este tema con el fin de elaborar una propuesta que se presentaría a las instancias que han de decidir sobre la adaptación del Organismo a la nueva estructura del Estado. El Consejo debe aplicar a esta cuestión criterios científicos y de política científica ya que las razones jurídicas y políticas escapan a nuestra competencia. En todo caso se puede afirmar que la comunidad científica española seguirá siendo una, independientemente de la solución que adopte el Gobierno para resolver este reto.

Programación, gestión y seguimiento

El Consejo continuará en 1983 su dinámica de crecimiento presupuestario y que lógicamente afectará positivamente a su actividad investigadora. Así el crecimiento entre 1982 y 1983 de la subvención que financia gastos corrientes se elevará al 21,65 por 100, pasando de 7.900 millones de pesetas a 9.650 millones de pesetas. En el mismo período el crecimiento de la subvención que financia gastos de inversión será del 27,91 por 100, creciendo desde 1.236 millones de pesetas a 1.581 millones de pesetas en este período.

En consecuencia, el crecimiento global de la financiación recibida del Ministerio se eleva, en el proyecto de Presupuesto aprobado por el Gobierno para 1983, a 22,50 por 100 con un crecimiento en pesetas de 2.060 millones.

El equipo anterior inició la investigación por programas. A pesar de sus imperfecciones el balance es muy positivo: la investigación en curso está financiada el 80 por 100 y casi todo el personal investigador está incluido en programas. Esta programación acaba en 1984 lo cual nos planteará el desafío de su total renovación. Desde hoy mismo, todo el personal del C.S.I.C. y muy particularmente la Comisión Científica debe preparar la programación del 85.

¿En qué sentido debe prepararse la nueva programación? Hay que tener en cuenta que algunos programas son la simple suma de proyectos. Eso no traiciona el espíritu, sino la letra de la programación del C.S.I.C. Los proyectos coordinados en programas, deben tender a una estrecha colaboración mientras dure el programa, colaboración que se mantendrá o no, en función de los objetivos alcanzados. Como no se trata de obligar a nadie a integrarse en un programa, hay que admitir que una parte de la investigación del C.S.I.C. se realice fuera de los grandes programas movilizadores.

La situación futura podría ser la siguiente: un número más reducido de programas, fuertemente sostenidos, en los que se encuadren todos aquellos equipos que lo deseen y demuestren competencia para integrarse en el programa y una serie de equipos trabajando aisladamente en otros campos, a los que se les aseguraría un nivel suficiente para que ninguna rama de nuestro árbol se seque. Dado que es difícil hacer prospectiva científica a largo plazo y dado que una situación de emergencia nacional puede requerir especialistas en una parte insospechada de la ciencia conviene mantener una estructura multisectorial en el Consejo, pero dadas las circunstancias concretas de nuestro país es absolutamente necesario definir prioridades y concentrar potencia financiera y humana en un número limitado de temas.

Tres son los criterios lógicos de selección: calidad de los equipos existentes, interés objetivo de las materias y no existencia de otras instituciones que cubran los mismos objetivos. Cuando se reúnan las tres condiciones se prestará una ayuda incondicional al programa. Cuando falle alguna de ellas, se examinará cada caso detenidamente. Pero es necesario que los investigadores acepten el desplazar su tema de investigación para acercarse a las condiciones óptimas que acabo de indicar. También espero de los investigadores y de sus representantes en la Comisión Científica que hagan gala de imaginación y creatividad a la hora de seleccionar temas de investigación, evitando el fácil mimetismo. Sería un error coincidir plenamente con los temas prioritarios de nuestros vecinos.

Entre tanto, se impone la evaluación y seguimiento de los programas en curso. Tarea ingente que hay que repartir y canalizar. Pero tarea extremadamente útil para evaluar el trabajo del Consejo, la coordinación de los programas, la actuación de los Institutos y Centros Coordinados y, finalmente, la eficacia, dedicación, esfuerzo y valía de las personas que pertenecen a este Organismo. Una de las tareas que el presente equipo se propone asumir es el seguimiento individual del personal y su evaluación. Debemos conocer a cada persona y su papel en el Consejo.

El tema de la gestión merece un comentario detallado. Bajo la dirección de D. Lucio Rafael Soto y de la doctora Concepción Llaguno, un grupo de personas de los servicios centrales no han regateado sus esfuerzos para lograr una gestión clara y eficaz. Una administración funciona bien cuando se hace olvidar. La investigación necesita de una gestión ágil, descentralizada y sencilla. Utilizando y desarrollando la informatización del Consejo. estructurando claramente la Secretaría General y potenciando el personal de gestión y su calidad, esperamos lograr una gestión que dé satisfacción por un lado a la Administración del Estado y por otro al personal del Consejo. Aunque la gestión es un medio y no un fin, las deficiencias en la gestión tienen consecuencias graves en la investigación, por lo cual va a ser misión permanente de todo el equipo y muy especialmente del Secretario General el velar por la gestión del Consejo.

Reestructuración

La existencia del Estado de las Autonomías, la integración horizontal y vertical del Consejo y la programación llevan inevitablemente a una reestructuración del Consejo. Es imposible explicar hoy en qué consistirá, porque es prematuro y porque no depende sólo del Consejo.

Sin embargo podemos adelantar que la estructura en Institutos se mantendrá, entendiendo a los Institutos no como una simple unidad administrativa sino como una comunidad de intereses científicos coherentes dotada de la adecuada infraestructura técnica y de servicios. Es un hecho evidente que hay un número excesivo de Institutos, por lo cual se va a favorecer la reagrupación voluntaria en busca de una masa mínima viable, que, claro está, depende de cada área particular. Si los investigadores dan prueba de buena voluntad y se olvidan diferencias personales es posible proceder a una racionalización de la estructura en Institutos. Aunque el objetivo primordial es una concentración de los medios y de las personas, ello no quita, que en algún caso muy particular se desdoble algún Instituto. Al tiempo que muchos Institutos deben desaparecer, se deben crear algunos nuevos. La evolución de la ciencia y la evolución de nuestro país hacen necesario un examen crítico de la estructura del C.S.I.C.: si hay temas que han quedado obsoletos, hay otros cuya importancia se ha hecho evidente en los últimos tiempos. Gracias a la financiación de la Comisión Asesora de Investigación Científica y Técnica, el Consejo dispone de recursos para invertirlos en «estructura», por ejemplo, edificios nuevos, sede, por qué no, de nuevos Institutos.

Debemos tranquilizar al personal del C.S.I.C.: todas las medidas de reestructuración se tomarán teniendo en cuenta un principio básico: no hay que perturbar las investigaciones de aquellos equipos, Institutos o Centros que están trabajando bien. Pero creemos que es posible coordinar temáticamente y reagrupar a los equipos activos sin que la producción científica se resienta. El tiempo de las grandes reuniones y de las discusiones prolongadas ya se pasó, ahora ha llegado el momento del esfuerzo, la creación y los resultados. Nuestro papel es el de ayudar y no el de entorpecer el progreso de la ciencia española.

En cierta manera relacionado con la reestructuración, debemos decir dos frases sobre el problema de las incompatibilidades y de la disciplina.

En lo que se refiere al primero se aplicarán las normas generales de la función pública, estudiando cuidadosamente cada caso concreto. En cuanto a disciplina se continuará exigiendo el cumplimiento del horario como medida de moralización y se desarrollará un control *a posteriori* del trabajo realizado, para no confundir la duración con la intensidad del trabajo.

Personal

La riqueza esencial del C.S.I.C. es su personal. Estamos pues en el corazón del problema y en la causa principal del carácter grave de este discurso inaugural. El C.S.I.C. no sólo no crece sino que se ha contraído. La edad media del personal investigador ha rebasado todas las cotas de alarma. El C.S.I.C. necesita un crecimiento moderado pero continuo que permita integrar lo mejor de cada promoción universitaria o profesional. Ante este análisis, creo que todos o, al menos, la inmensa mayoría, estaríamos de acuerdo. Pero ¿cuál es la realidad actual?

Un resultado importante es el aumento claro de las becas: se ha conseguido que los becarios post-doctorales cobren igual que los becarios del plan de formación de personal investigador, es decir 70.000 pesetas al mes, y los pre-doctorales, 55.000 pesetas mensuales.

La ampliación de plantilla prevista para este año no ha podido incluirse en los Presupuestos Generales del Estado para 1983 por imperativo legal que exige expediente aparte para proceder a esa ampliación. Este expediente precisa la aprobación previa de la Normativa, actualmente pendiente de un último trámite ante el Consejo de Estado. Es tarea prioritaria para mí, como Presidente, el conseguir que el proceso de aumento de plazas comience antes de final de año. Para ello no nos vamos a ocultar tras incomprensiones de Hacienda o de Presidencia del Gobierno. Nosotros al estar aquí sentados asumimos las decisiones gubernamentales. Sin embargo, yo quiero dejar claro que mi función como Presidente del C.S.I.C. está indisolublemente ligada a la entrada de personal joven en el Organismo y a la promoción de los que ampliamente se lo merecen. En este sentido empeñaremos todas nuestras energías en conseguir un aumento sostenido y sustancial de la plantilla orgánica a partir de 1984. Este es el objetivo absolutamente prioritario y consideraremos fracasada nuestra misión si no llegamos a esta meta.

Se que esto no es más que una postura moral y que en nada va a resolver el problema de esas personas que están esperando formar parte de la plantilla del C.S.I.C. Tiene sólo un valor simbólico y de solidaridad. Quiero que sepan que si vamos a seguir trabajando y resolviendo día a día, los problemas de este Organismo, el problema del personal va a ser nuestra preocupación constante.

Para los que ya forman parte de esta casa, decirles que está funcionando en el Gobierno una Comisión Interministerial que está estudiando la reforma de la dirección de la ciencia y la tecnología en España y cuyo objetivo es también el Estatuto del Personal dedicado a la Investigación y el Estatuto de los Centros de Investigación. Esto va a clarificar muchos problemas y va a facilitar la movilidad del personal dentro del C.S.I.C. y hacia otros Organismos.

Estas medidas vendrán a añadirse a aquellas que con carácter general se van a adoptar muy pronto para la totalidad del personal al servicio del Estado y Organismos Autónomos, y de las que ha sido un avance importante el primer Acuerdo sobre Retribuciones del Personal de la Administración del Estado negociado por las Centrales Sindicales y representantes de la Administración.

Es oportuno mencionar aquí el problema de la formación de personal investigador. Las capacidades del C.S.I.C. en este dominio están infrautilizadas ya que se limitan, en muchos casos, a la dirección de tesis doctorales. El Consejo debe velar por no dar a su personal una formación excesivamente especializada. Eso seria grave a largo plazo sobre todo teniendo en cuenta que se espera que los grandes avances científicos se produzcan en la interfase entre dos disciplinas. ¡Bueno sería que los investigadores jóvenes cambiaran de Instituto alguna vez en su carrera! ¡Y que los menos jóvenes usaran más a menudo las grandes facilidades que ofrece el Consejo de efectuar estancias prolongadas en Centros extranjeros de gran prestigio!

Las becas post-doctorales se mantendrán por un período de tiempo limitado. Se estimularán las estancias post-doctorales en el extranjero y, conscientes de que si tenemos mucho que aprender, también tenemos algo que enseñar, se buscarán los medios financieros necesarios para que los extranjeros vengan a España a hacer su tesis o a completar su formación después del Doctorado. Y no me estoy refiriendo exclusivamente a las humanidades. Hay muchos campos científicos en los que los Centros del Consejo están capacitados para dar una formación excelente. Naturalmente, los estudiantes e investigadores de habla hispana de América y los de los países árabes mediterráneos deberían constituir una parte importante de esos huéspedes.

Publicaciones

Debemos defender nuestras lenguas como vehículos de la comunicación científica, asumiendo el riesgo de que su uso generalizado degrade su pureza. Debemos potenciar la calidad de las revistas que se editan en España y, en particular, las que edita el C.S.I.C.

Si examinamos los tres aspectos de la publicación: edición, distribución y venta, en los últimos tiempos, constatamos que se ha realizado un gran esfuerzo gracias en particular, a D. José María Sistiaga. En lo que se refiere a edición, se ha incrementado notablemente, lo cual arrastra un déficit, que a su vez la frena. La distribución deja mucho que desear, tanto a nivel nacional (donde hay que hacer participar a la red de Institutos) como internacional. Hay que luchar porque las publicaciones sean autosuficientes, teniendo en cuenta en el balance el valor de las revistas que se reciben a título de intercambio. En cuanto a la venta, además de potenciar la librería de Medinaceli, hay que salir fuera del país. La Comisión de publicaciones tiene pues una gran tarea que realizar y debe ser potenciada.

Necesitamos una gestión clara: gastos, ingresos, ahorros por intercambios (¿pero son todas las revistas recibidas realmente útiles?), llevando una contabilidad precisa de manera que se pueda saber en cualquier momento cómo funciona la sección de publicaciones. Esta clarificación implica el control y la coordinación de nuestras imprentas, problema que se va a abordar rápidamente con todo rigor.

Puesto que hablamos de libros, hablemos de bibliotecas. Hay que racionalizar su funcionamiento, buscando que sean complementarias, es decir, en parte, especializadas. De toda evidencia necesitan más espacio y, en ciertos casos, más personal.

Informática

No es pensable hacer un discurso programático en 1983 sin hablar de informática. Hoy es una herramienta básica tanto para la investigación como para la gestión.

En lo que se refiere a la investigación hay una tarea previa de sensibilización por áreas. A continuación, una tarea de formación de personal. Finalmente una tarea de creación, de investigación. El Centro de Cálculo debe asumir total o parcialmente estas tareas. Es probablemente necesario reestructurar la Comisión de Informática, dadas las grandes responsabilidades que deberá asumir. Para mí está claro que o el Consejo se incorpora a la revolución informática en curso o se convierte en un Organismo arcaico e ineficaz. El problema es de tal envergadura, que es necesario colaborar estrechamente con las Universidades y con los O.P.I.(s), para repartirnos las tareas. El personal investigador del C.S.I.C. que aún no haya tomado conciencia de este problema, debe comprender que al igual que la eliminación del analfabetismo es el paso crucial para salir del subdesarrollo, la alfabetización en materia de informática es condición necesaria para permanecer en el grupo de países desarrollados. España debe ocupar una plaza digna en este campo.

La informática juega ya un papel importante en la gestión de este Organismo. Bajo la dirección de la Secretaría General se formará personal administrativo que conozca las modernas técnicas de gestión, capaz de explotar las posibilidades de la informática, para los Institutos y los Centros; así la Administración Central y las Administraciones Autónomas tendrán interlocutores válidos en los Centros de investigación.

Conclusiones

El porvenir del C.S.I.C. no puede decidirse por un grupo pequeño de personas aún dotadas de la mejor voluntad. El porvenir del C.S.I.C. depende de todo su personal y cada uno debe preguntarse, en conciencia, si está contribuyendo debidamente al desarrollo de la investigación científica española. Se puede contribuir indebidamente a esta tarea aún cumpliendo el horario, si se limitan a trabajar rutinariamente, sin inquietud, sin poner en duda sus propias líneas de trabajo. Un investigador digno de ese nombre es una persona que nunca olvida completamente el problema a resolver, que de cualquier actividad que realice, que de cualquier información que reciba, obtiene siempre algún elemento que contribuye a la realización de su proyecto de investigación.

Este grupo de personas a quienes ha sido encomendada la tarea de dirigir el C.S.I.C. quieren intentar ser ejemplares como Investigadores. Aunque el objeto de sus preocupaciones haya cambiado, la dirección del Consejo es un problema que debe ser abordado con meditación, autocrítica y eficacia. Intentaremos también no desvincularnos de nuestros Institutos, ni de nuestras líneas de trabajo, convencidos de que es necesario ser un buen investigador para ser un buen gestor de la investigación. Creemos que esto es válido para todas las personas que se ocupan o se van a ocupar de dirigir esta casa (miembros de la Junta de Gobierno, de las Comisiones Científica y Económica, Directores de Instituto, Coordinadores de Programas, etc.). Todos ellos deben procurar mantenerse en lugares preeminentes como investigadores. De otra manera, al elegir a los más idóneos para estos puestos, dañaríamos el potencial investigador del C.S.I.C. y, exagerando, llegaríamos a administrar muy bien un organismo que no serviría para nada. Hay que extirpar la idea, muy extendida en nuestro país, de que un puesto de responsabilidad es incompatible con una actividad científica moderada. Estos puestos lo son por un período de tiempo limitado y luego hay que volver a ocupar el sitio que corresponde en el frente de la investigación.

Nosotros concebimos al C.S.I.C. como un organismo de investigación multisectorial y programada al servicio de la política científica del país. Servicio que consiste en ejecutarla y en participar en su elaboración ayudando a definir los grandes programas movilizadores.

El C.S.I.C. debe ser un lugar de encuentro e intercambio de ideas que desborde ampliamente su base orgánica, debe actuar como colectivo de reflexión, debe ser flexible y capaz de adaptarse a situaciones nuevas con rapidez, debe ser múltiple y único, múltiple en sus preocupaciones, único como sistema nervioso de la ciencia española.

Pedimos la colaboración y ayuda de todo el personal. Que cada uno tome conciencia de que su puesto es importante. Como en cualquier organismo vivo, todas las partes son igualmente importantes para un funcionamiento armonioso. Nos vamos a fijar objetivos muy altos para el

Consejo, si los alcanzamos, cada uno de nosotros podrá estar satisfecho de la tarea realizada. Estamos convencidos de que hay en el personal que actualmente tenemos y el que se unirá a nosotros, más posibilidades de versatilidad, creatividad y entusiasmo, que las que ellos mismos creen.

Os aseguramos que vamos a luchar por el personal, para que el actual mejore sus condiciones de vida y de trabajo y para que nuevos, jóvenes y valiosos elementos se incorporen a la ciencia española. Os aseguramos que mantendremos la transparencia en la gestión y lucharemos por simplificarla. Intentaremos convencer a nuestras autoridades de que hay que invertir más en el C.S.I.C. convenciéndolas de que vamos a utilizar mejor los recursos adicionales.

Espero que cuando llegue el momento de efectuar el balance de la tarea realizada, podamos estar todos satisfechos y orgullosos de haber contribuido al desarrollo de la ciencia en nuestro país, y éste a su vez esté satisfecho y orgulloso de su Consejo Superior de Investigaciones Científicas.

«Un siglo de Química en España en *Un siglo de ciencia en España*»
Residencia de Estudiantes, 1998

Sugiere Juan Urrutia[1] que en lugar de dos culturas hay, al menos cuatro, la *matemática*, la *científica*, la *económica* y la *artística*. La cultura científica, dentro de la cual se enmarca la *química*, se caracteriza en cuanto a la naturaleza del conocimiento por ser *cumulativo-destructivo*, en cuanto a la naturaleza de los objetos por ser *no atesorables* y en cuanto a su relación con su historia por *borrar sus huellas*.

Viene esto a propósito de los últimos cien años de química en nuestra nación y del muy moderado interés que manifiestan los químicos de hoy por los que les precedieron: poco más allá de sus directores de tesis[2]. Dada la debilidad, absoluta y relativa, de la química española hace un siglo o hace cincuenta años, los químicos españoles de hoy no son los herederos de los químicos españoles que les precedieron sino de una serie de grandes químicos universales, ninguno de ellos español: Van't Hoff, Emil Fisher, Arrhenius, Rutherford, Ostwald, Marie Curie, Grignard, Alfred Werner, Willstätter, Haber, Nernst, Sody, Aston, Wieland, Windaus, Bosch, Langmuir, Urey, Joliot y Joliot-Curie, Debye, Kendrew y Perutz, Natta y Ziegler, Hodkin, Woodward, Mulliken, Eigen, Norrish y Porter, Onsager, Barton, Herzberg, Wilkinson, Flory, Cornforth, Prelog, Lipscomb, Prigogine, Brown y Wittig, Sanger, Fukui y Hoffmann, Taube, Merrifield, Karle y Haupman, Polanyi, Cram, Lehn y Pedersen, Corey,

---

1 J. Urrutia, "Una sugerencia para complicar la problemática de las dos culturas", Boletín de información, Fundación BBV, Nº 12 (mayo de 1998), pp. 8-9.

2 J. Elguero, "Química", España, Tomo IV, Ciencia, Editor: J. M. López Piñero, Espasa Calpe, 1991, pp. 229-261.

Ernst, Marcus, Olah, Kroto, Pople,... por elegir sólo algunos de aquellos que obtuvieron el Premio Nobel.

En lo que sigue, se entiende por *química española* la química realizada en España. Aunque nos alegremos de los logros de nuestros compañeros que investigan en Europa o en América, consideramos que los resultados que obtienen u obtuvieron deben contabilizarse en el balance del país en que residen o residieron. Recíprocamente, consideramos «nuestro» a Louis Proust.

Los químicos, en tanto que químicos, no tienen patria. La razón es obvia: no hay química española. No la hay en general, como no hay ciencia española. Hay una historia de la ciencia que incluye la historia de la química. Pero un descubrimiento químico, una vez integrado en el *corpus* doctrinal, pierde su nacionalidad. Tampoco hay química española en el sentido más restrictivo de contribución significativa a la química en un período o un tema dado (como se puede hablar de la química suiza de productos naturales en los años veinte o de la química supramolecular francesa en nuestros días). España no ha sido ni es un gran país "químico" apenas un país medio con alguna rama de la química importante a nivel internacional, tal como la química organometálica.

¿Han sido y son los químicos españoles infravalorados intencionadamente? No es esa la impresión de quien esto escribe. Los científicos españoles de gran valía, como Don Santiago Ramón y Cajal, a quien honramos en esta exposición, han conseguido fama universal y duradera. Pero es cierto que a nuestros científicos les ha sido más difícil alcanzar el reconocimiento internacional que a sus colegas alemanes, ingleses, japoneses estadounidenses.

¿Cuál es la razón? En primer lugar ha existido una falta de continuidad en el tiempo y una falta de masa crítica. Es bien sabido que, salvo trabajos muy excepcionales, el impacto de las publicaciones científicas es escaso si no alcanzan un *volumen* significativo y lo mantienen durante un período de *tiempo* prolongado. En segundo lugar, España ha vivido durante muchos años aislada de las corrientes de pensamiento, primero europeas y luego internacionales. Hoy eso ya no es verdad y nuestros químicos compiten ahora en condiciones de relativa igualdad con sus colegas de otros países desarrollados. En los próximos diez o veinte años,

Enrique Moles (1883-1953), una de las figuras más significativas de la química en España en la primera mitad de siglo.

si un químico español no obtiene el premio Nobel no será ya por causas exteriores.

No es este el lugar de hacer una historia de la *química española*, pero algunos nombres deben de ser citados. Del pasado lejano Louis Joseph Proust (1754-1826) y los hermanos Elhúyar. El primero trabajó en España una parte importante de su vida (reinado de nuestro buen rey Carlos III). Juan José y Fausto Elhúyar han pasado a los libros de texto por su descubrimiento de wolframio en 1783, lo que, en este anecdótico campo del descubrimiento de elementos estables, nos sitúa lejos de Gran Bretaña, Alemania, Francia y Suecia pero a igualdad de Finlandia, Rusia, Austria, Suiza e Italia. Eso, sin tener en cuenta, la polémica del descubrimiento del vanadio.

Del pasado cercano, algunos nombres: en *química-física, espectroscopía y química teórica,* Enrique Moles (sin lugar a duda un científico excepcional, un Instituto Universitario de Oviedo honra su nombre) y Miguel Ángel Catalán (además de un cráter en la luna, un Instituto del CSIC lleva su nombre); en *química orgánica,* Manuel Lora Tamayo (un Centro del CSIC lleva su nombre), José Pascual Vila y Félix Serratosa en Barcelona e Ignacio Ribas en Santiago; en *química inorgánica,* Enrique Gutiérrez Rios (Madrid), Francisco González (Sevilla) y Rafael Usón (Zaragoza). Hoy la *química española,* a juzgar por los indicadores más usuales (calidad y número de publicaciones recogidas en las bases de datos) se encuentra en un estado bastante satisfactorio. Es, sin duda, uno de los puntos fuertes de la ciencia española a finales del siglo XX.

Dada la "miseria de la ciencia en España" al llegar la transición, el esfuerzo de los gobiernos sucesivos fue reforzar el sistema de investigación tanto público (Universidades, CSIC, y otros Organismos Públicos de Investigación) como privado (ayudas a empresas). Eso ha llevado a un desarrollo horizontal, totalmente necesario, que ha permitido la creación de grupos jóvenes y la consolidación de los más veteranos. Hoy, en los albores del siglo XXI, hay que dar un paso más y crear centros españoles de muy alta calidad que intenten competir con Oxford, Cambridge, el Politécnico de Zürich o Harvard. Ello, sin dañar a grupos más débiles, hoy más que nunca, esenciales para un desarrollo harmonioso de España.

Durante mucho tiempo la química, como las otras ciencias naturales, trabajó para entender la naturaleza. Aún ese carácter *natural* lo conservan la física (las leyes físicas existen fuera de la física) y la biología (las leyes que rigen los organismos vivos existen independientemente de su estudio). Es verdad que con la ingeniería genética, los biólogos pretenden crear seres vivos nuevos (la genética clásica también creó seres no naturales, como perros pastores o vacas frisonas). Pero en química ya hace mucho tiempo que la determinación de la estructura de los productos naturales ocupa un lugar secundario frente a la creación de moléculas nuevas, artificiales, que nunca existieron antes de que los químicos los prepararan. Y que probablemente son *objetos únicos en el universo,* pues aunque existieran otras civilizaciones galácticas o extragalácticas, es muy poco probable que hayan creado las mismas moléculas que nosotros, tal es la inimaginable cantidad de estructuras posibles.

Estamos viviendo en química una etapa de profundo cambio, la transformación de la época de la *construcción molecular* en la época del *diseño a priori de propiedades*. La época de la construcción de bellos y complejos edificios moleculares está en su cenit, síntoma claro de que su declive no está muy lejos. La síntesis del fullereno C_{60} será más ardua que la del dodecaedrano, $C_{20}H_{20}$, pero los químicos saben que cualquier edificio molecular que respete ciertas leyes generales (cada vez menos restrictivas) puede ser construido.

La *predicción* cualitativa y cuantitativa de las propiedades físicas y biológicas de los compuestos químicos aún no sintetizados -predicción absoluta- sólo es posible de una manera imperfecta para algunas pocas propiedades. Generalmente se trata de una *predicción relativa*, es decir, de predecir las propiedades de una molécula nueva con relación a una serie de moléculas de la misma familia (analogía) cuyas propiedades son conocidas.

El objetivo último de la química es describir la vida, incluidos los procesos mentales -el pensamiento-, afectivos -el amor- y lo que se considera más característico del ser humano -el sentido del humor- en términos exclusivamente químicos.

Eso no quiere decir que esos objetivos sean actualmente alcanzables. Como dice Sir Peter Medawar «*Ningún científico es admirado si fracasa al intentar resolver problemas que rebasan su capacidad; si acaso puede esperar el amable desprecio del político utópico. Si la política es el arte de lo posible, la investigación es, sin duda, el de lo soluble. Los buenos científicos estudian las cuestiones más importantes que creen poder resolver; a fin de cuentas, su cometido profesional es solventar problemas, no meramente esforzarse en hacerlo*»[3]. Atacarse prematuramente a un problema científico es un error. El ejemplo del cáncer muestra como no basta inyectar sumas cuantiosas de dinero público para resolver un problema básico rápidamente. Hoy día no es aceptable un proyecto de investigación que trate de determinar los procesos moleculares que tienen lugar en el cerebro de una persona que se sonroja al recordar una

---

3 P. B. Medawar, *"The Art of the Soluble"*, Methuen, London, 1957.

situación embarazosa que le ocurrió hace veinte años, pero quizás ya sí un proyecto que se proponga describir una célula entera como una máquina química.

Los químicos españoles deben avanzar con confianza por los senderos más arriesgados. Teniendo exquisito cuidado en respetar la Tierra y sus pobladores, deben considerar que nada está fuera de su alcance. Los éxitos cosechados en los dos o tres últimos lustros, no les deben llevar a la auto-complacencia. Aún queda mucho camino por recorrer: *Siempre más allá.*

«Discurso inaugural de la presentación del PRINCET»
Consejería de Educación y Ciencia
de Castilla-La Mancha, 2005

Con todo el debido respeto, permítanme que me dirija a ustedes sin usar los títulos que ostentan, sencillamente como queridos amigas y amigos, compañeros unidos en nuestro cariño por España y por esta maravillosa comunidad de Castilla-La Mancha. Yo soy madrileño y ya sabemos que se ha dicho de Madrid que es, al menos lo era en mi infancia, un pueblo manchego grande. Más allá de divisiones, quizás necesarias en su tiempo, yo soy castellano, y en ese idioma me expreso aunque entiendo el catalán y el gallego (al menos el que habla Fraga).

Dadas mis ocupaciones, mis amigos castellano-manchegos (de origen o de adopción) están relacionados con la vida universitaria: son casi todos doctores en ciencias. Aunque los Doctores en Ciencias representen sólo una pequeña parte de la sociedad de estas tierras, son muy significativos y para mi muy queridos. De su amistad da testimonio un inmerecido doctorado *Honoris Causa*. Otra vez me han hecho un gran honor: el dejarme pronunciar en presencia de todos ustedes estas palabras. Me preocupa que el afecto que me tienen les ciegue y que más tarde les reprochen la elección de mi persona para este acto tan significativo.

El siglo XXI ya está bien entrado. Es aún niño pero ya viven en él niños que verán el siglo XXII. Sí, todo parece indicar que la esperanza de vida se va a incrementar considerablemente, 130-140 años serán normales. Al menos en los países "ricos" (y España lo es). Una nueva injusticia está creciendo: una sanidad cara al servicio de los más ricos. Nosotros creemos que la ciencia es uno de los mecanismos que tiene la sociedad para luchar contra la injusticia social.

¿Como serán los años futuros? ¿Como será el resto del siglo XXI? Intentaremos decir algo en las conclusiones de esta breve intervención, al menos espero que les parezca breve.

El invertir en investigación científica y en desarrollo tecnológico es una cuestión de dignidad: nadie puede imaginar un estado o una comunidad que haya renunciado al saber científico. Más aún, que no aspire a estar entre las primeras, con realismo pero con ambición.

Yo tengo un amigo alemán que es Profesor en la Universidad Libre de Berlín. Un día, charlando, le manifestaba yo mi preocupación por la debilidad del sector químico español y sus previsibles consecuencias sobre nuestra investigación académica. Me miró sorprendido y me dijo "¿Y para que queréis hacer química en España? Bastante hacemos en Alemania". Cuando le dije que teníamos excelentes estudiantes cuyo futuro se vería comprometido si nuestro entorno industrial no crecía, me contestó "¿No crees en Europa? Que vengan a trabajar a Alemania" añadiendo "¿Acaso todas las regiones de España tienen la misma actividad? Pues igual en Europa".

Hay que defender con criterios no puramente económicos la existencia de un sector industrial que haga investigación. Sin llegar a poner al sector público al servicio del privado hay que transferir generosamente información conseguida con fondos públicos a las empresas con la única condición que mantengan abiertas sus líneas de investigación. Algunas empresas intentan contratar toda la investigación fuera de la Comunidad donde están instaladas (y con frecuencia, fuera de España) y así no asumen ningún riesgo. No se trata de eso. Se trata de potenciar a aquellas que dedican un porcentaje de sus recursos a investigar. Otra fórmula aceptable sería fundar centros mixtos empresas-Universidad con capital y riesgos compartidos.

Se cuenta que en la cruzada contra los albigenses, le preguntaron sus soldados a Simón de Montfort, capitán de los ejércitos cristianos, que como iban a distinguir, entre los habitantes de Beziers, cuales eran cristianos y cuales cátaros. Simón de Montfort contestó "Matadlos a todos, Dios reconocerá a los suyos".

Al nivel de financiación que está la ciencia española, a la pregunta ¿que científicos deben ser financiados?, la respuesta debería ser

"Financiadlos a todos, la ciencia reconocerá a los suyos". Debido a la presión de la falta de recursos, especialmente becas, un grupo de científicos, que incluye a varios de los mejores, pide que lo poco que hay se les dé en su casi totalidad a ellos. Esa posición, a mi entender políticamente muy conservadora, puede resultar perfectamente aceptable e incluso tentadora para la administración.

A mi me parece que el estado español y cada una de sus Autonomías deben duplicar su esfuerzo en investigación, entendiéndose que dicho aumento no se debe repartir por igual. Creo incluso que es urgente la creación de centros que compitan en prestigio con los mejores centros europeos. Insisto, es urgente.

Los temas realmente importantes en investigación requieren medios y sobre todo personas concentradas en unos pocos sitios. En mi disciplina, la química, dos o a lo sumo tres serian compatibles con nuestra riqueza nacional y con nuestro nivel cultural. Un gran centro de materiales moleculares, donde se reúnan físicos de la materia condensada y químicos. Otro de bioquímica molecular o biología química o como quiera que queramos llamarla, donde biólogos moleculares y químicos supramoleculares trabajen juntos. Algún otro más (materiales poliméricos, modelado cuántico,...). Pero poco más, con otra temática posiblemente, pero no más de tres o cuatro si se quiere dotarlos con los recursos que los hagan competitivos.

Es posible que la solución sea inter-comunidades, preferiblemente fronterizas, por ejemplo Toledo o Guadalajara en la frontera con la Comunidad de Madrid, pero Castilla-La Mancha linda con Castilla-León, Aragón, Valencia, Murcia, Andalucía y Extremadura, por lo tanto no le faltan oportunidades. El ejemplo de la creación de un Instituto luso-español dirigido por un gallego es estimulante.

Cuando se habla de ciencia con responsables políticos, nacionales o autonómicos, son los aspectos económicos los que priman. Aquí hay que ser muy claro: cuando se goza, o se ha gozado la mayor parte de la vida, de un empleo estable y bien remunerado (si, he dicho bien remunerado) sería insultante pensar que la creación de puestos de trabajo dignos no es la parte esencial de dichos responsables. La ciencia crea empleo, riqueza y salud.

Pero hay otro aspecto de la ciencia que no podemos olvidar, sobre todo en estos tiempos en que muchos de nosotros compartimos un modelo de vida bastante hedonista. La ciencia es la manera que tienen los seres humanos de aumentar su conocimiento, la más noble de sus tareas.

En esta Comunidad, en esta ciudad, se sabe muy bien que el arte no avanza y que una novela escrita hace cuatro siglos sigue siendo la mejor novela que la humanidad ha creado. Y que un cuadro pintado hace aproximadamente el mismo tiempo consigue que personas del mundo entero se desplacen a Toledo para admirarlo. No soy quién para hablar de si la ética y la moral progresan, pero confieso mis dudas. Sin embargo, la ciencia si lo hace.

No es una idea muy antigua. Hasta el siglo XVII muchos creyeron que el conocimiento tendría un límite y que ese límite se alcanzaría pronto. Cuando se cita la frase de Hamlet "Hay más cosas entre el cielo y la tierra, Horacio, que las que sospecha tu filosofía" que otros traducen "Más cosas hay, Horacio, en cielo y tierra, de las que sueña tu filosofía", como ejemplo de que nuestra ciencia deja muchas cosas fuera, que quedan muchas cosas por descubrir, cometemos un contrasentido.

Cuando Shakespeare escribió esa frase en 1598 o 1599, justo a punto de empezar el siglo XVII, se refiere a las creencias de los que practicaban lo que pronto sería la vieja filosofía, "que mucho de lo que era entonces desconocido lo sería para siempre". Justamente, la "Nueva Filosofía" se construyó en oposición a esta célebre frase: que quedaba mucho por descubrir y que el hombre lo descubriría.

La idea de que lo que quedaba por conocer era limitado y de que su descubrimiento completo estaba cercano era una idea que surgió con frecuencia en las mejores mentes. Galileo en 1610 creyó que con su "perspicillum", que hoy llamamos telescopio, había descubierto todas las estrellas, planetas y satélites: "Me fue concedido a mi sólo descubrir todos esos nuevos fenómenos en el cielo y nada a todos los demás".

Cuando en 1670 Newton escribe a un amigo la celebérrima frase de que ha visto más lejos que sus predecesores porque estaba subido a hombros de gigantes, no hacía más que parafrasear a Bernardo de Chartres.

Durante la baja Edad Media, Juan de Salisbury, destacado miembro de la Escuela catedralicia de Chartres, atribuyó al maestro Bernardo de Chartres (1115) una sentencia especialmente afortunada: "Somos enanos, sentados sobre los hombros de gigantes, de tal modo que podemos ver más cosas que ellos y más lejos, no porque nuestra visión sea más penetrante o superior nuestra talla, sino porque nos elevamos gracias a su estatura de gigante". Bernardo se refería a los predicadores del Nuevo Testamento subidos en las espaldas de los Profetas del Antiguo Testamento.

También lo dijo nuestro Diego de Estella (1524-1578) "*Pygmaeos gigantum humeris impositos, plusquam ipsos gigantes videre*". Este latín medieval también se entiende fácilmente.

Para Newton la cita de Bernardo de Chartres evocaba que la historia es una empresa acumulativa, y la ciencia una catedral del conocimiento.

Sin embargo, Sir Joseph John Thomson, que todo el mundo conoce por J. J. Thomson, el descubridor del electrón, Premio Nobel de Física 1906 (el mismo año que Cajal) escribió "todo lo que queda por hacer es cambiar una decimal o dos en alguna constante física".

En los albores de este nuevo siglo, la inmensa mayoría de los científicos están de acuerdo que nos queda muchísimo por descubrir, incluidas cosas inimaginables hoy, pero que todas están al alcance nuestro o de nuestros sucesores.

Aunque nuestra vida cotidiana (¡y no digamos la de los políticos!) es un constante ejercicio en predicción (por mucho que digan, nadie vive como si se fuese a morir mañana) hay muchas bromas que giran sobre este tema. Winston Churchill "Siempre evito el profetizar de antemano porque es mucho mejor hacer profecías cuando el acontecimiento ya ha tenido lugar". En una encuesta sobre el año 2000 publicada en 1932, le preguntaron a don Ramón del Valle-Inclán que cómo iba a ser la literatura del año 2000. «¡Toma!, dijo don Ramón, si yo supiera como va a ser la literatura en el año 2000 ya la estaría haciendo».

Decíamos al principio: ¿Como serán los años futuros? ¿Como será el resto del siglo XXI? Seguro que no esperan de mi que les revele eso, pero algo quiero decir de mi disciplina, la química. E incluso eso poco no es de mi, sino de unos de los más grandes químicos vivos, el americano Georges Whitesides del Departamento de Química y Biología Química de la Universidad de Harvard, alguien que se merece el premio Nobel más que muchos que lo tienen

Propone buscar aquellas creencias actuales que si se demostrara un día que eran infundadas tendría enormes consecuencias sobre nuestra sociedad. En cada caso intenta, con mejor o peor fortuna, establecer una relación con la química. Creo, escribe Whitesides, que todo, desde el metano a la conciencia (Whitesides emplea "sentience", algo más cercano a sensibilidad), es química. Su propuesta es extraordinariamente estimulante. He aquí las hipótesis:

1. Somos mortales. Asumimos que somos mortales y que moriremos. Lo sabemos por experiencia bien que sea por la experiencia de otros. Pero no es necesario alcanzar la inmortalidad para cambiar el mundo. Con mucho menos bastaría, por ejemplo, 200 años de vida media, pero sólo para los muy ricos.

2. Sólo los seres vivos piensan y nosotros somos los mejores "pensadores". Es poco probable (¿acaso lo permitiríamos?) que la evolución biológica lleve a otro ser vivo a nuestro nivel. Pero ¿y los ordenadores? Recordemos: la inteligencia es una propiedad que emerge de la interacción de moléculas que no son inteligentes.

3. Animales y máquinas son diferentes. Se acepta la frontera entre "vivo" y "no vivo", entre "animal" y "máquina". Pero no se viola ninguna ley física fundamental si se fusiona lo animado y lo inanimado, los hombres y las máquinas. Animales como sensores (recuerden el uso de canarios para detectar el grisú). Organismos vegetales como reactores químicos. El problema es inmenso pero su solución implica necesariamente herramientas moleculares.

4. La vida humana es inestimable. Se acerca, sin embargo, el día en que tendremos que elegir entre limitar los nacimientos o limitar la esperanza de vida. Entre vida nueva y vida vieja. No hay sitio para todos.

5. Todos nacemos iguales. Derechos y oportunidades. La conexión entre genómica y fenotipos puede llevar a clasificar individuos, especialmente niños, de acuerdo con sus capacidades. No sólo su

predisposición al enfisema si fuman, también su capacidad para ser buenos padres. Pandora no pudo resistir a abrir la caja, ¿podremos nosotros?. Para bien o para mal, en este tema, la química ocupa una posición central.

6. Somos individuos y la intimidad es importante. Si conseguimos una fuente portátil y potente de energía (¿transformando nuestro exceso de grasa en energía?), los otros elementos están disponibles para pasar de seres individuales a una organización tipo colmena.

7. Los médicos controlan el sistema sanitario. Están perdiendo la información en beneficio de la red mundial; los ensayos de medicamentos en beneficio de la auto-experimentación y las medicinas alternativas; y la cirugía en beneficio de las máquinas.

8. La tierra continuará siendo habitable. ¿Que puede pasar para que esa hipótesis se revele falsa? ¿Calentamiento global? ¿Guerra termonuclear? ¿Impacto de un gran meteorito?

9. Las naciones son la más poderosa organización humana. Hoy es más importante para un país tener una población altamente educada que reservas de carbón. ¿Dejarán de serlo?

¿Aparecerán entidades supranacionales que las reemplacen?. ¿Que papel jugará la química en las medidas de defensa de esas entidades?

Consideren esto como un ejercicio mental que todos, y más los que tienen responsabilidades políticas o universitarias, deberían practicar.

Tiempo es de concluir.

Deseo a esta Comunidad, a su Presidente, D. José María Barreda, a los Consejeros de Educación y Ciencia (D. José Valverde) y de Industria y Tecnología (D. José Manuel Díaz Salazar), a mi amigo Enrique Díez Barra, responsable de la Comisión Regional de Ciencia y Tecnología, que el PRINCET tenga un futuro cierto. Que algún día, aunque las personas cambien, que los buenos proyectos continúen. El PRINCET es como un árbol recién plantado que aún carece de fuertes raíces. Cuidémoslo entre todos.

El hacer ciencia de calidad en cantidad no va a ser tarea fácil para la Comunidad de Castilla-La Mancha. Pero como le decía el padre de Jimena a Rodrigo, según verso célebre del Cid de Corneille, "Conquistar sin riesgo, es triunfar sin gloria".

«La Química del Porvenir: ¿Habrá química en el siglo XXII?»

Instituto de España: Anticipaciones Académicas, 2005

La Química del porvenir:
¿Habrá química en el siglo XXII?

Esta no es una pregunta retórica cuya respuesta, obviamente "sí", es conocida de antemano por el autor de la pregunta. Que habrá químicos y nuevas sustancias químicas también es evidente. La duda es si la química existirá como gran disciplina científica, junto a las matemáticas, la física y las ciencias de la vida (es significativo que nuestra Real Academia se denomine de "Ciencias Exactas, Físicas y Naturales" como si la química sólo fuese física aplicada).

En el libro «*Anticipaciones académicas del siglo XXI*» [Campo, 2003], en los capítulos de Francisco Yndurain [Yndurain, 2003] y Pedro García Barreno [García Barreno, 2003] a pesar de tratar de temas afines como la física y la biología, la química o brilla por su ausencia o, lo que es más grave, se la considera parte de otra disciplina. A título de ejemplo «... la fructífera colaboración de la física y la biología continuará viento en popa a lo largo del presente siglo.» [Yndurain, 2003, p. 140]; «El siglo XXI es el siglo del «genoma», como el siglo XX fue el del átomo» y «La tecnología −la física−, la biología molecular, la genética molecular y el conocimiento del genoma, van a ser los responsables del avance del futuro médico» [Espinós, 2003, pp. 236, 263]. Está claro que el presente capítulo no tendrá efectos retroactivos y que la percepción de la química como una ciencia del siglo XIX será difícilmente corregible. Es de agradecer que Segovia de Arana [Segovia de Arana, 2003, p. 271] escriba «... la industria química acelera la investigación de los medicamentos...»

Cuando se hacen modelos matemáticos, sea cual sea la disciplina, la interpolación es bastante fiable pero la extrapolación lo es mucho menos y además empeora a medida que nos alejamos del borde experimental. Si el eje de las "x" es el tiempo y el de las "y" un fenómeno cualquiera, el tiempo se acaba hoy, ahora. A partir de ese punto, empieza la predicción. Cuando se leen los quince capítulos de «*Anticipaciones académicas del siglo XXI*» [Campo, 2003] se da uno cuenta de lo prudentes que son los autores en predecir el futuro y tanto más cuanto más "blanda" es la disciplina que practican. No tanto porque teman equivocarse escandalosamente como tantos lo han hecho en el pasado sino porque realmente es muy difícil tener ideas originales y científicamente sólidas. Por un Feynman que supo imaginar las nanociencias en 1959 [García Barreno, 2003, p. 194, Elguero, 2003] o un González Duarte que predijo en 1932 los avances de la cirugía actual [Pinillos, 2003, p. 26] cuantos predicciones triviales o disparatadas. Alguien ha señalado que en el filme más vanguardista de su época "*2001: Una Odisea del Espacio*", no existe el correo electrónico y los científicos comunican con notas de papel.

Que la química está en crisis y que su supervivencia no está asegurada se deduce no sólo del olvido en que algunos colegas la tienen, aunque dicho olvido es significativo por lo eminentes que son. En mi caso, hay, al menos, otras dos razones, una más objetiva y la otra más subjetiva, de que realmente es así. Hace algún tiempo escribí al profesor Jean-Marie Lehn para manifestarle mi preocupación con la situación de la química. Me contestó que los químicos franceses, miembros de la Academia de Ciencias, habían escrito una carta al Presidente de la República manifestando la misma opinión, carta que me envió. Como tal, no convenía a todos los europeos así que otro académico, el profesor Bernard Meunier, la modificó y después de unos breves intercambios fue distribuida para ser firmada y dirigida a los presidentes de la Comisión Europea y del Parlamento Europeo.

He aquí algunos extractos de dicha carta (traducidos del inglés): «La última década ha sido un período difícil para la química en Europa occidental. Muchas empresas químicas han cerrado y la decadencia de la química se considera hoy inevitable por la mayoría del público y los medios de comunicación ... Como ciudadanos europeos no debemos olvidar que la industria química proporciona más de dos millones de puestos de trabajo constituyendo así una de las industrias claves en Europa». «Históricamente, Europa es el lugar de nacimiento de la química y su crecimiento ha precedido y estimulado un tremendo desarrollo de otras industrias en los siglos XIX y XX. La química está a menudo al servicio de otras industrias, es "la industria de las industrias". Ni coches modernos sin química, ni industria electrónica sin química, ni teléfonos móviles o televisión vía satélite sin química, ni aviones de última generación o viajes espaciales sin materiales compuestos y pegamentos eficaces, ni prótesis biocompatibles, ... etc. Ninguna de las características de la vida moderna existiría sin la química y, a pesar de ello, la percepción de la química es nula para la mayoría del público».

Sigo traduciendo libremente: «La globalización está provocando una tremenda redistribución de los papeles de cada país dentro del desarrollo de la economía mundial. Algunos países crearán nuevas tecnologías, otros serán manufactureros, al final de la cadena, algunos países serán sólo una zona de consumidores. No podemos permitir que esto último sea el destino de los europeos. Los países europeos tienen la responsabilidad de reforzar las condiciones (enseñanza, investigación, desarrollo económico) que son esenciales para una innovadora, sostenible, segura y socialmente responsable comunidad química dentro de Europa con el objetivo de aumentar nuestro conocimiento básico en este área crucial de la ciencia. Esto asegurará un crecimiento económico y el correspondiente empleo en las industrias químicas y garantizará la necesidad que tiene la sociedad de viejos y nuevos compuestos químicos al mismo tiempo que atendemos a la preservación del medio ambiente para futuras generaciones».

En lo que se refiere al aspecto más subjetivo, les tengo que contar que un día del pasado verano, en el patio central del "Consejo", nombre familiar con el que su personal designa al Consejo Superior de Investigaciones Científicas (en la acepción de «Corporación consultiva encargada de informar al gobierno sobre determinada materia», aquí, la investigación científica) me crucé con el profesor Pedro Pascual que ha fundado y dirige el Centro de Ciencias de Benasque [Pascual, 2003]. Me comentó que aunque había empezado como Centro de Física, ahora había reuniones de biología molecular, de matemáticas, de periodismo científico, pero que no había logrado convencer a ningún químico español para que organizase una. Me explicó que el número de españoles no debía superar un tercio, que la reunión duraba un par de semanas y de que no había conferencias, sólo discusiones. Me animó a hacerle una propuesta y me dijo que le escribiera.

Recordé los numerosos congresos y reuniones de química a los que había asistido en mi vida, de los más serios a los más informales: en todos había conferencias (plenarias, invitadas, comunicaciones cortas, etc.) y "posters" y en muchos, apenas discusión. ¿Que iba yo a hacer con sesenta u ochenta químicos durante quince días si no había conferencias? Me sentí muy desanimado, me pregunté: ¿es que los químicos no tenemos nada que discutir? Luego he recuperado parte de mi autoestima y he recordado como trabajamos: una corta discusión y enseguida al laboratorio o al ordenador. Y así, paso a paso, zigzagueando. Si nos encierran para discutir, a lo sumo al cabo de un par de días todos estaremos impacientes para realizar algún experimento que permita decidir, zanjar o avanzar el problema.

Noticias preocupantes nos llegan del Reino Unido: varias universidades han decidido cerrar sus departamentos de química. ¿Las razones? Las carreras experimentales son caras y el número de alumnos que desean estudiar química disminuye. ¿Que será de la química si no logramos atraer a los mejores alumnos? ¿Qué será del mundo si no hay grandes químicos?

Recientemente el editor de *Chemical and Engineering News*, la revista de los químicos estadounidenses, cuenta que en la Universidad de Harvard sólo hay dos divisiones en ciencias "Ciencias de la vida" y "Ciencias Físicas" con sus respectivos decanos. Se ha dicho muchas veces que la química es una ciencia central, pero ahora es una ciencia en el medio. Dicen familiarmente los franceses "con el trasero entre dos sillas" para describir una situación incomoda.

Creo haber dejado claro porque me preocupa el futuro de la química. ¿Seré capaz de decir algo acerca de ese futuro?

Una aproximación metodológica al problema de la predicción podría dividirse en tres apartados:

1. Cosas que sabemos que nunca sucederán. Parece poco interesante pero contribuye a definir el territorio de lo posible.

2. Podemos establecer una lista de lo que no sabemos hacer que no viole ley física alguna y especular de si y cuando lo conseguiremos.
3. Cosas que no sabemos que ignoramos porque están fuera de nuestro paradigma actual.

Debemos recordar que para predecir el futuro lo mejor que podemos hacer es contribuir a cambiarlo. En ese sentido se expresan Vicente Palacio Atard [Palacio, 2003, p.55] cuando escribe:

«El historiador ... sabe que el futuro no es dominio que le pertenezca, pero sabe también que contribuye a realizarlo...». E igualmente, en cierto sentido, Gregorio Varela [Varela, 2003, p. 360] al reflexionar sobre las previsiones de Malthus: «*... no tuvo en cuenta que, si bien cuando nace un hombre es verdad que aparece una nueva boca que alimentar, también nace un nuevo cerebro, que piensa, y es capaz de ilusionarse cuando el objetivo, como en este caso −un mundo sin hambre−, vale la pena».*

Que los seres humanos contribuimos a definir el futuro no es razón para que caigamos en la herejía antropocéntrica. Los virus también lo hacen y ¡ni siquiera es seguro que estén vivos!

Obviando el punto 1 (nunca sabremos levitar), el punto 2 es el más fructífero, de hecho es el que utilizan varios autores de *Anticipaciones académicas del siglo XXI*, por ejemplo Francisco Yndurain, Domingo Espinós, Ángel Sánchez de la Torre [Sánchez, 2003] y otros.

En lugar de predecir lo que va a ocurrir, una serie de científicos de gran prestigio (Lippert, Cotton, Seebach) has establecido listas de lo que nos gustaría saber hacer a los químicos. Es parecido, pero no idéntico, a una lista de las cosas que se van a descubrir. Son demasiado técnicas para ser expuestas hoy, así es que las he consignado en un apéndice, ya que las considero extremadamente valiosas.

Me limitaré a comentar algunas de ellas elegidas más en función de mis conocimientos y gustos que de su importancia.

Femtoquímica. Aunque este tema ya ha sido tratado, con el cuidado y la profundidad en él habituales, por Pedro García Barreno [García Barreno, 2003, p. 183], su previsible desarrollo me obligan a dejar constancia aquí de su importancia para el futuro de la química. El sueño de los químicos, al menos desde el siglo XIX, ha sido ver las moléculas reaccionar. En particular "ver" algo tan fugaz como los estados de transición. Dichos estados han sido comparados a los puertos de montaña que conectan dos valles, pero el caminante pasa tanto tiempo en el puerto como en el llano y no tiene dificultad de mantenerse en el puerto cuanto quiere. Las moléculas, sin embargo, duran tanto menos cuanto mayor es su energía. Es decir, que los estados de transición son muy inestables y difíciles de observar. El profesor Ahmed Zewail lo ha conseguido. Zewail "ve" colecciones de moléculas usando diferentes técnicas de pulsos (por ejemplo, difracción de electrones). Con un microscopio túnel de barrido, se puede "ver" una sola molécula (pero en un valle, en un pozo de estabilidad). ¿Será posible un día ver una molécula individual transformándose en otra? ¿Ver la molécula "bailar", rompiéndose sus enlaces y creándose otros nuevos? Yo creo que sí. Podremos verlas incluso dudar entre dos itinerarios posibles. Es más, se acaba de describir el estudio de una molécula excitada de monóxido de carbono por Heinz y colaboradores que combina esas dos técnicas [Bartels, 2004].

Nanotecnología. Junto al anterior, también la nanotecnología ha sido discutida por Pedro García Barreno [García Barreno, 2003, p. 183] quien cita a Richard Smalley (Premio Nobel de Química 1996 por el descubrimiento de los fullerenos) y a K. Eric Drexler autor del célebre libro «*Motores de creación*» de 1986 donde aparece por primera vez la palabra nanotecnología. Lo que nos interesa hoy son las previsiones de futuro de estos dos grandes expertos así como las reacciones ha que han dado lugar una reciente discusión [Drexler, Smalley, 2003]. Es como un diálogo entre Louis Pasteur (1802-1895) y Jules Verne (1828-1905), entre un científico y un visionario. El caso de Julio Verne es frecuentemente citado, para resaltar su clarividencia pero también sus divertidos errores. Recordemos que Miguel Artola ha escrito de él [Artola, 2003, p. 42]: «Julio Verne, al describir las posibilidades de la nueva tecnología aparece como un precursor más que un visionario».

El debate Drexler-Smalley se centra en los nanobots y, en particular, en los montadores moleculares (*molecular assemblers*), una especie de cadena de montaje de dimensiones moleculares donde moléculas pequeñas se unirían unas a otras o se cortarían para producir, con una eficacia y selectividad que ahora sólo se dan en los seres vivos, nuevas moléculas. Ver, a ese propósito en el apéndice, el punto 7 de la lista de Stephen J.

Lippard (del M.I.T.): «Deseamos controlar la dirección y la orientación de acercamiento de una molécula que reacciona con otra».

Tal como Drexler los concibe, los montadores moleculares no sólo fabricarían y repararían moléculas y biomoléculas sino que se auto-reproducirían. Este es el aspecto preocupante que Michael Crichton ha descrito en su novela *Prey* [Crichton, 2002]. Drexler olvida dos problemas, escribe Smalley, los que él llama «dedos gordos» y «dedos pegajosos», es decir, que para que una nanofábrica dirigida por un ordenador manipule objetos de tamaño molecular son necesarias unas manos incompatibles con los principios físicos generales que rigen en química. Sólo las macromoléculas biológicas pueden hacer esas tareas y ni los objetos fabricados son muy diversos ni están pilotadas por ordenador.

Quiralidad y origen de la vida. Ya saben, quiralidad del griego *cheirós*, mano. Porque muchas moléculas de la biosfera existen en dos formas que son como un objeto a su imagen especular, como una mano derecha (del latín, *rectus*, R) y una mano izquierda (del latín, *sinister*, S). A tal punto que vida y quiralidad están íntimamente unidas. En el caso de los biopolímeros, DNA, RNA y proteínas, tiene que ser todo-*R* o todo-*S* de lo contrario se producirían mezclas inviables. Pero ¿cual de los dos? Y ¿porque? ¿Podría haber vida no quiral (por ejemplo en Titán, una de las lunas de Saturno) hecha de poli-glicina que es el único aminoácido sin ningún átomo quiral?

De lo que no me cabe duda es de que no puede haber vida sin carbono, sus diferentes hibridaciones y su propiedad de formar repetidos enlaces carbono-carbono lo hacen insustituible. El silicio ha sido considerado un posible rival y aunque se pueden sintetizar compuestos en los que átomos de carbono hayan sido remplazados por átomos de silicio manteniendo sus propiedades biológicas, yo no alcanzo a imaginar un código genético basado en silicio como elemento fundamental.

El punto tercero, cosas que no sabemos que ignoramos porque están fuera de nuestro paradigma actual, parece inaccesible ¿como vamos a imaginar lo inimaginable? Pero los químicos son muy astutos (al menos algunos lo son) y han razonado así. La química es el conjunto de todas las moléculas químicas: en ellas, como en la *Biblioteca total* de Jorge Luis Borges, está todo. Pero a diferencia de tal biblioteca, no hay libros absurdos sin sentido (la inmensa mayoría de ellos) sino moléculas quizás poco interesantes, pero tan reales como las más importantes. Si se limita el número de páginas del libro, la biblioteca borgiana no es infinita. Lo que sucede es que el número de ejemplares interesantes (o simplemente legibles) es muy muy pequeño (aunque no infinitamente pequeño) frente a los que carecen de sentido. Por mor a la exactitud, debo decir que la química no es sólo la colección de todas las moléculas, si no también la de sus transformaciones. Como el cerebro es más que las neuronas: son todas las conexiones.

Volvamos a la química. Se pueden concebir los siguientes conjuntos de moléculas:

1. El número de moléculas conocidas hoy es de unos 20 millones de las cuales, 95% contienen carbono y pertenecen pues a la subdisciplina de la química orgánica.

2. El número de moléculas que serán conocidas a finales del siglo XXI: ¿unos 100 millones? ¿Quizás 200? El crecimiento actual es exponencial (y más desde que se introdujeron las síntesis combinatorias y en paralelo) pero si hay una certeza absoluta es que un crecimiento exponencial o cambia de signo (y se transforma en una sigmoide) o se detiene bruscamente: cuando haya consumido toda la materia del universo.

3. El número de moléculas diferentes que se pueden sintetizar con las 10^{82} partículas elementales que se dice haber en el universo. Incluso si queremos preparar un milimol (10^{21} moléculas) y si gastamos 10^6 partículas por molécula, aún sale un milimol de 10^{55} moléculas diferentes. Pero no disponemos del universo si no de una delgada capa de la tierra. Es difícil de calcular incluso de una manera muy aproximada: ¿10^{20}?

4. El número de moléculas imaginables. Para muchos químicos ese número es infinito. En realidad está subyacente el principio físico de que siempre se puede aumentar de una unidad una cadena de átomos de carbono sin disminuir su estabilidad. El nonacontatrictano $C_{390}H_{782}$ es el mayor alcano sintetizado hasta la fecha. La hipótesis es que el siguiente alcano, $C_{391}H_{784}$, también será estable y así indefinidamente. A mi me cuesta aceptar esa hipótesis y creo que

llegará un momento en el que el homólogo superior a uno estable deje de serlo.

Imaginemos que la humanidad antes de extinguirse sintetiza diez mil millones de moléculas diferentes, eso es 10^{10}, lo cual quiere decir que aún entonces el espacio multidimensional de todas las moléculas posibles estará prácticamente vacío.

Frente a esa constatación ineludible algunos se han preguntado: ¿está al menos lleno de una manera homogénea? La respuesta es no. El mapa de muchas dimensiones (necesarias para describir una molécula) no es conocido, pero sabemos que hay aglomeraciones muy densas y enormes zonas vacías. Sabemos, por ejemplo, que hoy día hay más compuestos orgánicos con un número par que con un número impar de átomos de carbono. Los químicos, especialmente los de la industria farmacéutica, están interesados en lo que se conoce como diversidad química, es decir la distancia euclídea que separa una molécula de otra. Los ordenadores ofrecen la única posibilidad: calculemos todas las moléculas posibles, situémoslas en el mapa y trabajemos en las zonas inexploradas. Ese es el grandioso proyecto de unos soñadores.

Si ahora nos preguntamos ¿cuantas moléculas de origen natural existen? Sin la intervención del hombre, ¿cual sería la composición química de la tierra? Los productos naturales, conocidos y por descubrir son una parte muy pequeña de esos conjuntos que acabamos de discutir y además crecen muy despacio. Se puede estimar a alrededor de 10^6 o 10^8 moléculas. Por eso, en contradicción con la mayoría de los autores («La naturaleza nos seguirá regalando estructuras activas y novedosas que no podrían haber sido diseñadas por el hombre» [Avendaño, 2003, p. 419]), no creo que los productos naturales continúen a ser en el siglo XXII la fuente principal de Fármacos.

Cierto es que como nosotros somos parte de la biosfera, resulta probable que un producto natural tenga más acciones farmacológicas que una sustancia exobiótica. Pero si se lleva demasiado lejos el principio antrópico, no se entendería porque la inmensa mayoría de los productos naturales tienen que ser transformados en algo no natural, que nunca había existido antes, para ser utilizados como medicamentos.

Se que esta cuestión de la relación entre los productos naturales y los medicamentos es objeto de vivo debate entre los "vitalistas" y los "mecaniscistas". Yo creo que se trata de un ejemplo del principio copernicano de Gott, del que hablaré al final de esta charla. En este momento, los organismos vivos, terrestres o marinos, son una fuente potencial de medicamentos que sería locura ignorar. ¿Pero, y en siglo XXII? Estadísticamente, en la biosfera hay una cantidad muy pequeña de las moléculas posibles. Aún admitiendo que hay 1000 veces más probabilidad de encontrar un medicamento entre los productos naturales que entre los sintéticos, aún así, la apuesta futura es en favor de los artificiales. Desgraciadamente, aunque la esperanza de vida vaya a aumentar a 130, 150 o 200 años, pocos de nosotros conoceremos en siglo XXII. Y aunque así fuera, nadie recordará lo que se ha dicho aquí hoy.

Hay muchas otras aproximaciones posibles. La más ambiciosa es la del profesor George M. Whitesides del Departamento de Química y Biología Química de la Universidad de Harvard [Whitesides, 2004]. Propone buscar aquellas creencias actuales que si se demostrará un día que eran infundadas tendría enormes consecuencias sobre nuestra sociedad. En cada caso intenta, con mejor o peor fortuna, establecer una relación con la química. Creo, escribe Whitesides, que todo, desde el metano a la conciencia (Whitesides emplea "sentience", algo más cercano a sensibilidad), es química. Su lectura es extraordinariamente estimulante. He aquí las hipótesis:

1. Somos mortales. Asumimos que somos mortales y que moriremos. Lo sabemos por experiencia bien que sea por la experiencia de otros. Pero no es necesario alcanzar la inmortalidad para cambiar el mundo. Con mucho menos basta, por ejemplo, 200 años de vida media, pero sólo para los muy ricos.

2. Sólo los seres vivos piensan y nosotros somos los mejores. Es poco probable (¿acaso lo permitiríamos?) que la evolución biológica lleve a otro ser vivo a nuestro nivel. Pero ¿y los ordenadores? Recordemos: la inteligencia es una propiedad que emerge de la interacción de moléculas que no son inteligentes.

3. Animales y máquinas son diferentes. Se acepta la frontera entre "vivo" y "no vivo", entre "animal" y "máquina". Pero no se viola

ninguna ley física fundamental si se fusiona lo animado y lo in-animado, los hombres y las máquinas. Animales como sensores (recuerden el uso de canarios para detectar el grisú). Plantan como reactores químicos. El problema es inmenso pero su solución implica necesariamente herramientas moleculares.

4. La vida humana es inestimable. Se acerca el día en que tendremos que elegir entre limitar los nacimientos o limitar la esperanza de vida. Entre vida nueva y vida vieja. No hay sitio para todos.

5. Todos nacemos iguales. Derechos y oportunidades. La conexión entre genómica y fenotipos puede llevar a clasificar individuos, especialmente niños de acuerdo con sus capacidades. No sólo su susceptibilidad al enfisema si fuman, también su capacidad para ser buenos padres. Pandora no pudo resistir a abril la caja, ¿podremos nosotros?. Para bien o para mal, en este tema, la química ocupa una posición central.

6. Somos individuos y la intimidad es importante. Si conseguimos una fuente portátil y potente de energía (¿transformando nuestro exceso de grasa en energía?), los otros elementos están disponibles para pasar de seres individuales a una organización tipo colmena.

7. Los médicos controlan el sistema sanitario. Están perdiendo la información en beneficio de la red mundial; los ensayos de medicamentos en beneficio de la autoexperimentación y las medicinas alternativas, y la cirugía en beneficio de las máquinas.

8. La tierra continuará siendo habitable. ¿Que puede pasar para que esa hipótesis se revele falsa? ¿Calentamiento global? ¿Guerra termonuclear? ¿Impacto de un gran meteorito?

9. Las naciones son la más poderosa organización humana. Hoy es más importante para un país tener una población altamente educada que reservas de carbón. ¿Dejarán de serlo? ¿Aparecerán entidades supranacionales que las reemplacen?. ¿Que papel jugará la química en las medidas de defensa de esas entidades?

Quisiera concluir esta intervención con dos disquisiciones: una sobre nuestra lengua y la otra sobre la sociología de la química.

¿Es el español aun salvable como lengua de comunicación científica? Según comenta Gregorio Salvador, el porvenir de la multilingüe Europa unida está en la elección de una lengua germánica y otra románica para el necesario intercambio, que podrían ser el inglés, dada su implantación universal, y, sensatamente, el español [Salvador, 2003, p. 22]. Vicente Palacio Attard escribe sobre la superación de las motivaciones que en otros tiempos originaron la dicotomía España-Europa [Palacio, 2003, p. 62], lo cual me parece que implica el uso de nuestra lengua en la ciencia.

El Instituto de España, en colaboración con la Academia de Ciencias, debería solicitar ayuda financiera a los Ministerios de Educación y Ciencia y de Asuntos Exteriores para crear una página "web" en español sobre química destinada a los jóvenes. Páginas similares existen en inglés [IUPAC, 2004], pero si queremos que alcancen a los 400 millones de hispano hablantes es necesario que sean en español. Recordemos que Brasil ha decidido que el español sea su segunda lengua obligatoria. Una de las pocas predicciones sin riesgo es que "internet" va a revolucionar la docencia, de hecho, ya lo está haciendo, pero sólo aquellos países que dediquen un gran esfuerzo en esta dirección no se quedarán retrasados irremediablemente.

Naturalmente se debería contar con la IUPAC a nivel internacional y con la Real Sociedad Española de Química a nivel nacional. Se podrían "colgar" de la red, cursos en castellano y otras lenguas habladas en el estado español sin que eso resultase en detrimento de los libros de texto. De todos modos, insistimos, el objetivo, los clientes, son jóvenes entre diez y diez y siete años de habla hispana. Se trata de crear vocaciones algo que obligatoriamente tiene que ocurrir antes de ir a la Universidad. Es un problema, *sensu estrictu*, vital.

Para acabar un poco de sociología de la química. Si comparamos una publicación actual a una de los que escribía hace cuarenta años, dos cosas son aparentes: las aplicaciones como justificación del trabajo y el "marketing". Los trabajos científicos, al menos los de química, siguen unas pautas bien definidas, en cierta medida se parecen todos. Antes, en la parte inicial de la publicación (introducción) se justificaba el trabajo realizado por su novedad, por corregir un error, por completar un aspecto olvidado, por lo sorprendente del resultado obtenido (eso aún ocurre en química de coordinación). Hoy, al menos en la rama más desarrollada, la química orgánica, eso no es así. Hoy la inmensa mayoría de los trabajos empiezan explicando lo interesantes que son por sus posibles aplicaciones (medicamentos y materiales). Yo creo que es un error muy grave (aunque yo haga a veces lo mismo, que remedio). Se trata de un ejemplo de alienación (RAE: «Proceso mediante el cual el individuo o una colectividad transforman su conciencia hasta hacerla contradictoria con lo que debía esperarse de su condición»).

El segundo cambio significativo en lo que a publicaciones científicas se refiere es el "marketing" (mercadotecnia). Revistas tan prestigiosas como *Angewandte Chemie, European Journal of Organic Chemistry, Journal of Organic Chemistry*, han creado toda una serie de señuelos para atraer al lector. No basta con que un trabajo sea importante para que sea leído: ¡tiene que ser atractivo! Escribe Antonio Fernández-Alba [Fernández-Alba, 2003, p. 70]: «La *ciudad herramienta* de principios de siglo, donde predominaban los valores funcionales, ha sido sustituida por la *ciudad espectáculo* donde adquiere prioridad la comunicación y los efectos de la arquitectura espectáculo».

Es tiempo de concluir, consciente de no haber sabido hacerlo mejor que los ilustres autores de *Anticipaciones Académicas* a pesar de que, cómo dice la célebre frase de Newton, he podido encaramarme a hombros de gigantes. No he sabido evitar el error de creer que este momento es un momento privilegiado, cuando es obvio que es un momento cualquiera en la historia de la humanidad que sólo tiene de especial el que yo estoy vivo y consciente y capaz de escribir estas líneas. J. Richard Gott III [Gott, 1997] ha construido un modelo probabilista de predicción basado justamente en lo contrario: que este momento y este lugar son triviales, cualesquiera, que no tienen nada de especial. Lo denomina principio copernicano por analogía con lo que ocurrió cuando Copérnico le quitó a la tierra su protagonismo (Jorge Wagensberg, director del Museo de la Ciencia de la Fundación 'la Caixa', lo traduce por *principio de mediocridad* [Wagensberg, 2003]). Pero ¿cómo aceptar el carácter insignificante de nuestro tiempo, de ese corto período de tiempo que se nos ha dado? Escribe Sabino Fernández Campo [Fernández Campo, 2003, p. 94] a propósito de «*La tercera ola*» de Alvin Toffler: «Para este autor la humanidad se enfrenta a una profunda conmoción social, a un gran salto cuántico, mucho más rápido que el de la revolución agraria y que el de la revolución industrial». Por su parte, Manuel Díez de Velasco [Díez, 2003, p. 347] se expresa así «... estamos atravesando un momento particularmente difícil que puede ser decisivo». Yo creo que los seres humanos somos demasiado vanidosos y que nos cuesta mucho reconocer que hubo épocas pretéritas y habrá épocas futuras mucho más importantes que la que nos ha tocado vivir.

Hablar del futuro tiene un lado romántico, lo que acontecerá cuando hayamos muerto, y otro algo cómico. Recuerda José Luis Pinillos [Pinillos, 2003, p. 25] que en una encuesta sobre el año 2000 publicada en 1932, le preguntaron a don Ramón del Valle-Inclán cómo iba a ser la literatura del año 2000. «¡Toma!, dijo don Ramón, si yo supiera como va a ser la literatura en el año 2000 ya la estaría haciendo». Y Carmelo Lisón [Lisón, 2003, p. 85] escribe: «Ningún economista se hace rico en la bolsa, pero todos juegan».

A mi ocuparse del futuro me trae a la memoria la célebre frase de Groucho Marx: «Why should I care about posterity? What's posterity ever done for me?».

Referencias

Artola Gallego, Miguel [2003], *Imagen del Estado en el siglo XXI*, en *Anticipaciones académicas del siglo XXI*, Instituto de España, Madrid, p. 361.

Avendaño López, Carmen [2003]. *El futuro de los medicamentos*, en *Anticipaciones académicas del siglo XXI*, Instituto de España, Madrid, p. 361.

Bartels, Ludwig; Wang, Feng; Möller, Dietmar; Knoesel, Ernst; Heinz, Tony F. [2004]. *Science, 305*, p. 648.

Campo, Salustiano del [2003], Editor. *Anticipaciones académicas del siglo XXI*, Instituto de España, Madrid.

Crichton, Michael [2002], *Prey*, Harper Collins.

Díez de Velasco, Manuel [2003]. *El derecho internacional del futuro*, en *Anticipaciones académicas del siglo XXI*, Instituto de España, Madrid, p. 327.

Elguero, José [2003], *Lo crudo y lo cocido: Reflexiones de un químico sobre su profesión, Anales de Química, 99*, 5-13.

Drexler, K. Eric y Smalley, Richard [2003]. *Nanotechnology, Chem. Eng. News*, December 1, p. 37. Espinós Pérez, Domingo [2003], *Líneas de futuro de la medicina*, en *Anticipaciones académicas del siglo XXI*, Instituto de España, Madrid, p. 221.

Fernández-Alba, Antonio [2003]. *Acotaciones desde la arquitectura y la ingeniería*, en *Anticipaciones académicas del siglo XXI*, Instituto de España, Madrid, p. 63.

Fernández Campo, Sabino [2003]. *El futuro del Ejército y la guerra*, en *Anticipaciones académicas del siglo XXI*, Instituto de España, Madrid, p. 93.

García Barreno, Pedro [2003], *El futuro de la biología*, en *Anticipaciones académicas del siglo XXI*, Instituto de España, Madrid, p. 141.

Gott III, J. Richard [1997]. *New Scientist*, Vol. *156*, p. 36 (ver también *Nature*, **1993**, *363*, 315). IUPAC [2004]. Propagation of Chemistry Task Force. CEFIC—Chemistry and You. Royal Society of Chemistry – Visual Elements: https://periodic-table.rsc.org/org (información interactiva de cada elemento).

Lisón Tolosana, Carmelo [2003]. *El futuro de las culturas*, en *Anticipaciones académicas del siglo XXI*, Instituto de España, Madrid, p. 73.

Palacio Attard, Vicente [2003]. *Como escribir la historia de España*, en *Anticipaciones académicas del siglo XXI*, Instituto de España, Madrid, p. 53.

Pascual, Pedro [2003]. Información sobre el Centro de Ciencias de Benasque puede hallarse en https://www.benasque.org/.

Pinillos, José Luis [2003], *Nuevas fronteras de las ciencias sociales*, en *Anticipaciones académicas del siglo XXI*, Instituto de España, Madrid, p. 25.

Salvador, Gregorio [2003]. *El español del siglo XXI*, en *Anticipaciones académicas del siglo XXI*, Instituto de España, Madrid, p. 11.

Sánchez de la Torre, Angel [2003]. *Derechos colectivos y derechos humanos individuales: su porvenir*, en *Anticipaciones académicas del siglo XXI*, Instituto de España, Madrid, p. 291.

Segovia de Arana, José María [2003], *El futuro de la medicina pública*, en *Anticipaciones académicas del siglo XXI*, Instituto de España, Madrid, p. 269.

Varela Mosquera, Gregorio [2003]. *Hacia un mundo sin hambre*, en *Anticipaciones académicas del siglo XXI*, Instituto de España, Madrid, p. 351.

Wagensberg, Jorge [2003]. *El principio de mediocridad*, EL PAIS, Opinión, 7 de noviembre. Whitesides, George M. [2004]. *Assumptions: Taking Chemistry in New Directions. Angew. Chem. Int. Ed.*, *43*, 3632-3641.

Yndurain, Francisco [2003], *La física del siglo XXI*, en *Anticipaciones académicas del siglo XXI*, Instituto de España, Madrid, p. 115.

Diccionario de siglas

C.S.I.C. Consejo Superior de Investigaciones Científicas.

IUPAC. International Union of Pure and Applied Chemistry.

M.I.T. Massachusetts Institute of Technology.

Apéndice

Lista de Stephen J. Lippard (del MIT):

1. Deseamos crear entidades que incluyan muchos componentes idénticos ... para que sirvan como receptores.
2. Deseamos crear moléculas auto-replicantes y reacciones químicas capaces de corregirse a si mismas ... incluyendo las reacciones catalíticas.
3. Deseamos entender la naturaleza de una transformación química nueva ... diseñar de manera racional un catalizador para dicha reacción.
4. Deseamos explorar la química en las interfaces ... controlar la estereoquímica de los catalizadores heterogéneos fabricados y utilizados en grandes cantidades.
5. Deseamos encorsetar edificios supramoleculares para preservar la integridad de especies químicas lábiles.
6. Queremos usar síntesis en paralelo, automatizadas, o química combinatoria... de una manera evolutiva.
7. Deseamos controlar la dirección y la orientación de acercamiento de una molécula que reacciona con otra.
8. Deseamos entender los movimientos internos de las moléculas ... de tal manera que un pulso de energía electromagnética pueda ser utilizado para disociar específicamente un determinado enlace en la molécula.
9. Deseamos entender la estructura y dinámica de las interacciones intermoleculares.

10. Deseamos concebir reactivos ... capaces de atacar enlaces químicos tradicionalmente considerados inertes.

11. Deseamos encontrar medios para convertir sustancias naturales abundantes en la naturaleza en pequeñas moléculas útiles.

12. Deseamos desarrollar el arte de llevar a cabo reacciones químicas sin disolvente.

13. Deseamos crear reactivos que modifiquen químicamente parte de una molécula sin necesidad de proteger y luego desproteger otros sitios activos.

14. Deseamos crear productos químicos ... sustancias no peligrosas ... recursos renovables.

15. Deseamos entender ... las propiedades de compuestos de tamaño comprendido entre 1 y 100 nm intermedios entre el estado molecular y el estado sólido.

16. Queremos investigar la química de moléculas individuales.

17. Deseamos crear moléculas que se auto-ensamblen en estructuras supramoleculares.

18. Queremos aprender como hacer crecer sólidos cristalinos ... para incorporar huéspedes en esos cristales.

19. Deseamos encontrar composiciones no usuales de la materia ... en combinaciones no descubiertas.

20. Deseamos dominar la química de las especies encapsuladas ... liberando a voluntad ... un anfitrión.

21. Deseamos entender y utilizar la química ... de los radicales poliatómicos.

22. Deseamos desarrollar nuevos métodos teóricos para entender el enlace químico ... basados en sistemas químicos reales.

Lista establecida por 17 químicos e ingenieros químicos bajo la supervisión de Ronald Breslow (Universidad de Columbia) y Matthew V. Tirrell (Universidad de California, Santa Barbara):

1. Aprender a sintetizar ... cualquier sustancia nueva que tenga interés científico o práctico, usando síntesis compactas ... de alta selectividad ... bajo consumo de energía ... efectos medioambientales benignos.

2. ... Detectar e identificar sustancias y organismos peligrosos utilizando métodos de alta sensibilidad y selectividad.

3. Entender y controlar como reaccionan las moléculas – a lo largo de toda la escala temporal y del intervalo completo de tamaño molecular. Modelado

molecular predictivo de los movimientos moleculares ... Manipular moléculas individuales ...

4. Aprender a diseñar ... sustancias, materiales y dispositivos moleculares con propiedades que puedan ser predichas, hechas a medida y ajustadas antes de fabricarlas. Química teórica y computación ...

5. Entender la química de los sistemas vivos en detalle ... La biología es cada vez más una ciencia química y la química se vuelve cada día más una ciencia de la vida.

6. Desarrollar medicamentos ... que puedan curar enfermedades hoy día sin tratamiento.

7. Desarrollar auto-ensamblaje ... para la síntesis de sistemas y materiales complejos.

8. Entender la complicada química de nuestro planeta ... de tal manera que podamos mantener su habitabilidad ... crear nuevos métodos para combatir la contaminación ...

9. Desarrollar energía ilimitada y barata ... que abra el camino hacia un futuro verdaderamente sostenible ... células de combustible ... confinar la energía luminosa ... superconductores ... distribución de la energía.

10. Diseñar y desarrollar sistemas químicos que se auto-optimicen (basados en el método que permite la optimización de sistemas biológicos mediante la evolución).

11. Revolucionar el diseño de procesos químicos ... comercialización de productos nuevos.

12. Comunicar con eficacia al público general las contribuciones que la química ... ha hecho a la sociedad.

13. Atraer a los mejores ... jóvenes estudiantes hacia las ciencias químicas.

«Discurso del Premio Miguel Catalán»
Comunidad de Madrid, 2005

Permítanme que divida esta conferencia en tres partes: la primera. para expresar públicamente mis agradecimientos; la segunda. para recordar la figura de Miguel Catalán, y la tercera, para tratar brevemente de "los temas objeto de mis investigaciones" como dice el artículo 3 de la convocatoria.

Primera parte: Agradecimientos.

Yo soy madrileño, mi padre, mi abuelo y una de mis bisabuelas lo eran. No es que esto sea muy relevante. Madrid se caracteriza por ser un "atractor extraño" que se engrandece incorporando a sus hijos adoptivos. Sin embargo, como "madrileño viejo" y como químico ha sido para mi una gran alegría recibir el premio "Miguel Catalán".

Debo pues dar las gracias a la Comunidad de Madrid, en primer lugar a su Presidenta, Dña. Esperanza Aguirre, al Consejero de Educación, D. Luis Peral, a la Directora General de Universidades e Investigación, Dña. Clara Eugenia Núñez, al Subdirector General de Investigación, D. Alfonso González, al Gerente de Innovación Tecnológica, D. José Luís Belinchón, y a todo el personal de la Consejería tanto por el premio como por la cortesía con la que me han tratado. A los miembros del tribunal que juzgaron que mi persona era digna de tan alta distinción, mi profunda gratitud. En especial al Profesor Arturo Romero por haber aceptado presentarme y por lo que ha dicho. Se suele decir "espero no defraudarles", pero me temo que yo ya soy demasiado viejo para defraudar a nadie.

Segunda parte: Miguel Catalán.

Los dos científicos del primer tercio del siglo XX por los que siento más admiración son Enrique Moles Ormella y Miguel Ángel Catalán Sañudo. El primero, nacido en Barcelona en 1883, era un farmacéutico que se distinguió como químico y, más precisamente, como químico físico. La Real Academia Nacional de Farmacia acaba de reconocerle como suyo, cuando el pasado jueves 6 de octubre fue nombrado Académico de Honor de dicha Corporación, a título póstumo. Un Instituto Universitario de Oviedo lleva su nombre. Y también uno de los Premios Nacionales de Investigación.

Miguel Ángel Catalán Sañudo, nació en Zaragoza en 1894, en cuya ciudad se licenció en ciencias químicas. Pero donde alcanzó fama imperecedera es en el campo de la espectroscopía, rama de la ciencia común a físicos y químicos. Como Miguel Catalán la practicó, está más cerca de la física, al menos de la física de entonces.

Ambos se doctoraron en Madrid. Lo cual no es sorprendente si se recuerda que sólo la Universidad Central tenía potestad de otorgar el título de Doctor ¡y eso hasta 1951! Año en que pasó a llamarse Complutense. Madrid pues perdió ese privilegio. Y debió ser doloroso. Pero como en otras muchas cosas, Madrid lo aceptó de buen grado y eso la enriqueció. La Universidad Complutense ya no es la primera universidad de España por ley: ahora tiene que merecerlo. Ambos fueron Académicos de Ciencias aunque Moles fue expulsado y Catalán falleció antes de leer su discurso de Ingreso.

En ciencia no hay fronteras entre las disciplinas. A lo sumo son como suaves valles separados por pequeños puertos de montaña. Se puede ir fácilmente de uno a otro. No es pues extraño que un químico, Catalán destacase en física mientras que un farmacéutico, Moles, lo hacía en química.

Tampoco hay fronteras "naturales" entre los científicos, salvo las que los propios científicos han erigido. La mayor, infranqueable valla, es el Premio Nobel. Se tiene o no se tiene. En España, en ciencias, sólo hay dos: D. Santiago Ramón y Cajal y D. Severo Ochoa. ¿Que decir del primero? Es un icono, una bandera, un mito.

Algunos consideran que el Premio Nobel de Severo Ochoa se debe contabilizar en los Estados Unidos. Eso es discutible, pero es muy probable que si no hubiese emigrado a dicho país, por muy brillante que era, no hubiese conseguido tan alto galardón.

Dejando de lado las matemáticas (en un sentido amplio), las demás disciplinas científicas se practican en colectividad. Un Premio Nobel recompensa una obra colectiva hasta el punto que se ha dicho que llegará un día en que será imposible distinguir a un individuo (o a un grupo de tres como suele ser el caso) para darle el Premio.

Miguel Catalán no lo obtuvo y eso le separa claramente de Ramón y Cajal y de Ochoa, pero sería terriblemente injusto creer que no era un gran científico, ya que sin lugar a duda lo era.

Los premios son como si cortásemos la Sierra de Guadarrama por un plano horizontal que fuésemos bajando del cielo hasta dejar sólo las tres cimas más altas: Peñalara (2.430 m), Los Claveles (2.387 m) y Cabeza de Hierro Mayor (2.380 m) y las distinguiéramos con el "Premio de la Comunidad de Madrid a la belleza natural". ¿Nos haría eso olvidar que Cabeza de Hierro Menor llega a 2.374 y Los Pájaros a 2.334 m? No hay discontinuidad en la geografía como no la hay en un colectivo científico grande, como lo es el de los químicos.

Una última pincelada: aunque en la luna hay muchos cráteres, pocos españoles han tenido el privilegio de dar su nombre a uno de ellos. Concretamente cuatro: Alfonso X el Sabio, Averroes, Santiago Ramón y Cajal, Miguel Ángel Catalán.

Cada país honra a sus científicos dando su nombre a becas, premios e instituciones: becas Marie Curie, premio Galileo, asociación Max Planck. Hay que felicitar a la Comunidad de Madrid de honrar el nombre de Miguel Catalán dando su nombre al máximo galardón científico de dicha Comunidad. El aragonés Miguel Catalán realizó la casi totalidad de su obra en Madrid.

¿Cual es la contribución científica más conocida de Miguel Catalán? Sin duda, los multipletes ya que tuvieron un efecto decisivo en la elaboración de la física cuántica. La espectroscopia lleva a menudo la coletilla de "atómica y molecular" y como tal se enseña en Facultades de Físicas y de Químicas. Catalán se interesó por los átomos y sólo al final de su vida por las moléculas. Por eso es una figura más relevante en física que en química. Su descubrimiento de los multipletes es de 1921. En el centenario de su nacimiento, en 1994, La Residencia de Estudiantes organizó una exposición, el CSIC publicó una biografía del Profesor Sánchez Ron y Correos editó un sello con su efigie.

Desde aquí propongo que en el 2021, Zaragoza donde nació, Madrid donde trabajó, el Consejo Superior de Investigaciones Científicas que lo albergó, la Residencia de Estudiantes donde se alojó y la Real Academia de Ciencias donde fue elegido aunque no llegó a tomar posesión, honren la memoria de uno de nuestros mayores maestros y de un hombre bueno.

Tercera parte: mis trabajos.

No teman. No les voy a explicar lo que hago. Si fuese sincero, la mayoría de ustedes no lo entenderían. Los químicos, cuando les preguntan lo que hacen, se salen por la tangente. En dos direcciones. Una, es no hablar de lo que hacen sino de para que sirve lo que hacen: medicamentos, tejidos, colorantes, pantallas de ordenador, abonos, instrumentos, prótesis, células solares, ... vinos, alimentos, ... todo lo que ustedes ven, sienten, oyen, gustan, tiene algo en lo que ha intervenido un químico. Me dirán: ¿y cuando huelo el perfume de una rosa? ¿Como creen que crece el rosal?

La otra es relacionar la química con alguna actividad más fácil de entender y "salirse por la metáfora": arquitectura molecular, ingeniería de cristales, ...

Como llevo mucho años haciendo química y no he sido indolente, he abordado muchos aspectos de mi disciplina. He aprendido que todas mis contribuciones localizadas han sido olvidadas (por ejemplo, los trabajos sobre alcaloides) y que sólo aquellas que tenían extensión en el tiempo y en el espacio, siguen siendo recordadas. Como la investigación necesita de recursos económicos (reactivos, instrumentación, becas), los científicos no deciden solos la investigación que hacen. Dependen mucho de las fuentes de financiación y estas, a su vez, de las comisiones de evaluación.

Un grupo de investigadores del CSIC, la UNED, la Complutense, y las Universidades de Barcelona y Granada, propusimos en 1982 la creación de un "Laboratorio sin fronteras" dedicado a la lucha contra las enfermedades parasitarias de singular importancia en Iberoamérica. Fue rechazado y no se llevó adelante el proyecto. Creo que fue un error.

A mi, los veinte años en Francia me favorecieron con respecto a mis compañeros que se quedaron aquí. Medios abundantes, alumnos de las elitistas escuelas de ingenieros francesas, nivel científico elevado,... A veces me pregunto ¿que hubiese sido de Félix Serratosa si se hubiese ido a los Estados Unidos?

En relación con Miguel Catalán, una de las ramas de la química con la que más he disfrutado es la espectroscopía de Resonancia Magnética Nuclear, RMN. Los médicos le han quitado lo de Nuclear, por razones oportunistas, y ahora todos los pacientes la conocen como Resonancia Magnética. Pero troncada o no, Nuclear lo es.

Cuando acabé la carrera en 1957, el Profesor Jesús Morcillo (con el Profesor Francisco Fariña los dos mejores docentes de mi época de estudiante), me propuso hacer el doctorado en su grupo. Él entonces trabajaba en espectroscopía de vibración-rotación, conocida como infrarrojo, donde alcanzó fama mundial. Pero ya estaba interesado en la RMN, línea que inició con el Profesor Manuel Rico, el mejor especialista español actual en esa disciplina.

El primer espectrómetro llegó a Montpellier, donde preparaba yo mi tesis, en 1958. Era un 56,4 MHz. Algunos años después llegó a Marsella un 100 MHz (simplificando mucho, cuantos más MHz, mejor, aunque realmente de nada sirve el mejor espectrómetro si no lo usa un buen científico). Aún recuerdo con nostalgia los viajes a Marsella, distante unos 200 kilómetros, para usar el 100 MHz durante toda la noche. La vuelta a Montpellier a la mañana siguiente, cansados y felices con los espectros recogidos. De eso hace mucho, hoy hay un 500 MHz donde trabajo y el Profesor Rico dispone de un 800 MHz, pero la ilusión de entonces sigue intacta.

Frente a un compuesto, la actitud de los químicos difiere. Si son analíticos, intentarán determinar la composición o la pureza gastando lo menos posible o sin destruir la muestra. Aquí, la RMN, relativamente poco sensible, no es la mejor opción.

Si trabajan en productos naturales o en síntesis orgánica, utilizarán la RMN para determinar la estructura del compuesto. Aquí, la introducción de la RMN supuso una revolución. Los que no han hecho química antes de la RMN no saben lo que es determinar una estructura sólo con microanálisis, IR y UV.

Finalmente hay otros para los que la RMN no es un medio sino un fin. Tal es mi caso.

El descubrimiento de dos nuevas técnicas instrumentales, telescopio y microscopio, fue decisivo para la revolución científica de Galileo, Newton y Pasteur. Un aparato de RMN es un método de explorar la naturaleza de un extraordinario poder de resolución que se ha comparado con la de un telescopio que fuese capaz de "ver" un gato en La Luna. Y pronto los ojos.

La combinación de medidas experimentales y cálculos teóricos nos ha permitido un avance significativo en la comprensión del fenómeno RMN. En mi experiencia, los resultados sorprendentes destacan sobre un fondo de normalidad. Hay que acumular mucho trabajo para reconocer lo que escapa al modelo estándar. De la misma manera, es necesario el muro gris de la normalidad, para distinguir sobre él los puntos brillantemente coloreados de lo inesperado. Ese podría ser el modelo de vida ideal, al menos para un científico: una vida sin sobresaltos punteada, de vez en cuando, de una sorpresa, siempre agradable.

Tiempo es de concluir.

A mis amigos que ya no están,
a los que están lejos,
a todos los presentes,
Gracias

«Discurso del Premio de la Fundación Lilly a toda una carrera investigadora»

Lilly

San Lorenzo de El Escorial, 2008

Permítanme que hable en español.

Cuando Julio me llamó para decirme que me habían propuesto para el Premio de la Fundación Lilly a toda una carrera investigadora, me acordé inmediatamente de una película de Juan Antonio Bardem llamada *"Calle Mayor"*. Se trata de una de las películas más importantes del cine español (obtuvo el Premio de la Crítica Internacional en el Festival de Venecia de 1956). Está basada en la novela *"La señorita de Trevélez"* de Carlos Arniches. Al principio de la película, *Federico*, un intelectual afincado en Madrid, pasa a ver a su amigo *Juan*. Aparte de ello, *Federico* está en la pequeña ciudad de provincias para obtener la firma, como colaborador en una revista cultural *"Ideas"* en la que él trabaja, de la lumbrera local: *don Tomás*, el presidente del Círculo Recreativo, Artístico y Cultural (al principio el personaje se inspiró en Miguel de Unamuno, aunque recuerde más a un agotado José Ortega y Gasset).

—*Sus amigos ... se impacientan... en fin que más quiere que le diga, esta publicación en la que usted trabaja debe ser muy interesante "IDEAS: Revista de Artes y Letras", Hum, si ... efectivamente ... muy interesante.*
—*Podría serlo más si usted escribiese en ella.*
—*¿Si yo escribiese? Quizá. Quizá para ustedes fuera más interesante. No para mí. Comprende, yo he terminado. Mis obras completas ya están editadas. Ese es el fin. ¿No? Se supone que ya no tengo nada que decir.*
—*¿Quién lo supone? ¿Usted? Es cómodo.*
—*Hum. No sé, no sé. En todo caso yo quiero esa comodidad. ¿Entiende? Llámela olvido. Hay más cosas en el cielo y en la tierra, Horacio, etc, etc. Si, hay más cosas. Por ejemplo, esta ciudad. ¿La conoce?*

Don Tomás rechaza el participar en la revista de Federico con la siguiente afirmación: *"Yo he terminado. Mis obras completas ya están editadas. Ese es el fin. ¿No? Se supone que ya no tengo nada que decir."*

Yo aún no he encuadernado mis obras completas pero no falta mucho. Ha llegado pues el momento de dar las gracias. Primero a los Laboratorios Eli Lilly, a la Fundación Lilly, y a su Director, José Antonio Gutiérrez Fuentes. A la Real Sociedad Española de Química y a su Presidente, Nazario Martín. Necesitamos los químicos ser muy solidarios para defender nuestra disciplina: la Real Sociedad debe ser nuestro punto de encuentro.

La química es una disciplina austera que necesita motivación y el campo de la salud puede ser una luz que nos guíe en el trabajo diario. Por ejemplo, el tratamiento del dolor donde tanto queda por hacer.

Dentro del marco de las relaciones entre la química y la sociedad, debemos unirnos para conseguir que la enseñanza de la química en la educación secundaria mejore. Si no logramos que alumnos brillantes, los más brillantes, elijan química al llegar a la Universidad, esta Edad de Plata de la Química Española puede ser efímera.

Los laboratorios farmacéuticos han contribuido de una manera decisiva al bienestar de la humanidad. El mundo que conocemos poco se parece al de hace un centenar de años. En casi todos los aspectos, pero muy particularmente en lo que a la salud se refiere. La enfermedad, más aún que la muerte, condiciona nuestras vidas. La salud, la nuestra y la de nuestros prójimos, colorea nuestra percepción de la existencia.

Sin olvidar el papel de los centros públicos, las empresas farmacéuticas han conseguido crear o modificar moléculas para el bien de la humanidad. Ese éxito notable, que continua pese a las crecientes dificultades, no es del todo reconocido por la sociedad, por la gente.

Sigue habiendo una opinión negativa sobre los laboratorios farmacéuticos. No aquí, no hoy, entre nosotros. Pero nosotros somos una minoría. Se sigue oyendo hablar de la búsqueda de beneficios en detrimento de la salud, de las enfermedades huérfanas, de lo caros que son los medicamentos y de lo pobres que son ciertos países, del enorme gasto sanitario en los países desarrollados, de los efectos adversos de los fármacos ya existentes, de los excesivos gastos en publicidad (algunos al límite de lo decoroso), ...

Como se dice en televisión: las buenas noticias no son noticia.

Negar ciertos excesos no serviría para nada. Pero el balance es inmensamente positivo. Cuando se dice que hoy la aspirina no pasaría los filtros de los organismos reguladores, ¿duda alguien de sus efectos beneficiosos?

Ahora quisiera concluir dando las gracias muy personalmente a mis amigos, a *Julio*, a *Jesús* y a *Miguel*. Espero que no os sonrojéis algún día por vuestra decisión.

He sido una persona muy afortunada: he recibido mucho más que he dado. Hay en la sala muchas personas que me han ayudado con total desinterés. Muchas. Quizás porque, como decía George Orwell,* *"las personas son mucho mejores de lo que nos imaginamos".*

Gracias a todos.

---

* Me ha dicho Albert Moyano que la cita es de George Elliot: "People are almost always better than their neighbors think they are" (Middlemarch, 1872).

«Entrevista en el CIC BIOMAGUNE»

José Elguero, Doctor del IQM-CSIC, entrevistado por Manuel Martín Lomas, 2008

"No quiero que a los químicos nos manden al siglo XIX."

Además de ser uno de los investigadores científicos españoles de mayor prestigio internacional, José Elguero es un apasionado de la Química. En su visita a CIC BIOMAGUNE, el doctor Elguero charla con Manuel Martín Lomas sobre la situación de la Química como disciplina científica en la actualidad, sus retos de futuro y su relación con la industria española.

Vamos a comenzar hablando acerca de la situación actual de la química española.

Creo que los dos somos muy conscientes de las oportunidades que se han perdido y de que algunas de ellas ya no van a volver. No se puede hacer nada respecto a lo que se perdió y creo que lo que debemos hacer es inventarnos nuevas oportunidades. Lo que va a venir no puede ser una simple continuidad, sino que tiene que ser algo más creativo. Esto nos lleva a hablar de centros innovadores como CIC BIOMAGUNE, que deben hacer cosas que no se hayan hecho aún, ya que si no, el tremendo esfuerzo de algunas personas no tendría sentido ni para el País Vasco, ni para la química mundial.

La realidad es que no aparece ningún español entre los 100 grandes químicos europeos de los tres últimos siglos.

Me temo que poco podemos hacer ya a ese respecto, excepto lamentarlo.

173

Otras disciplinas han utilizado los principios de la química, los han adaptado, engullido y digerido a su servicio y esto ha dado lugar a grandes avances ¿Crees que, debido a ello, se ha generalizado una percepción errónea de que la química es una ciencia ancilar?

La química está entrando cada vez más en otras disciplinas que no eran tan moleculares y, al mismo tiempo, que se ha extendido, ha perdido un poco de su identidad hasta el punto de que la mayoría de biólogos y bioquímicos españoles, aunque sean químicos de formación, reniegan de alguna manera de serlo.

Ahora la química está en los campos de los materiales y de las ciencias de la vida. Los químicos nos hemos extendido, pero es cierto que hemos perdido algo de protagonismo y hemos perdido la consideración que, por ejemplo, teníamos en el siglo XIX. Así, ocurre que muchas de las personas que trabajan en las ciencias de la vida no nos perciben como iguales.

La química se ha extendido y ha molecularizado a otras disciplinas, pero aún tiene un porvenir tremendo como ciencia troncal, ya que quedan muchos problemas por resolver donde la respuesta tiene que venir de la mano de la química ¿No lo ves así?

Recuerdo la anécdota de un compañero nuestro que fue a ver a unos biólogos y les dijo que podía estudiar el fenómeno que estaban viendo a nivel molecular y entenderlo. Le contestaron que, si quería, podía hacerlo pero que no le iban a esperar porque tenían mucha prisa en el estudio del cerebro humano, y no podían esperar a que los químicos les explicasen realmente lo que veían, ya que ellos tenían su propia dinámica. Con este ejemplo quiero decir que las ciencias de la vida avanzan, en este momento, a gran velocidad, pero los químicos tienen una metodología con la cual, por su rigor, no pueden permitirse ciertas cosas.

Por eso, no creo que el hueco que existe entre las ciencias de la vida y los químicos interesados en estos problemas vaya a cerrarse pronto. Ellos van a seguir avanzando de una manera que a los químicos nos parece un poco rudimentaria con modelos, dibujitos y esquemas, y me da la impresión de que la dinámica de las dos disciplinas no es la misma porque los biólogos ven demasiado alejadas las cosas que hacemos los químicos fundamentales. Tú quizás no notes esto tanto, porque estás justo a su lado.

Olvidémonos por un momento de los biólogos y hablemos de la química como una disciplina básica. Si repasamos los Premios Nobel de química de los últimos años es evidente que queda un inmenso campo por explorar. Por poner sólo un ejemplo, el último de ellos, el de Gerhardt Ertl, por sus estudios sobre procesos químicos en superficies sólidas evidencia un enorme terreno por explorar dando lugar a aportaciones completamente nuevas. Por lo tanto, la química sigue teniendo su campo de acción abierto y prometedor.

Yo también estoy convencido de que no nos faltan temas de investigación, que es una disciplina que aún está muy lejos de agotarse porque cada vez hay más cosas. Debemos cambiar de mentalidad. Los químicos ya han demostrado que son capaces de sintetizar casi cualquier cosa, por muy complicada que sea, pero ahora tenemos que ir hacia otros sitios: catálisis, superficies, membranas y toda una serie de problemas frente a los cuales los químicos de mi generación siempre han sido un poco reticentes a la hora de abordar porque no se encuentran a gusto.

Incluso en campos más establecidos, como la química supramolecular, hay un campo inmenso por explorar.

Completamente de acuerdo. Un químico con imaginación puede llegar muy lejos si decide hacer la investigación en función de la importancia de los problemas y no en función de sus competencias limitadas. Una nueva generación de químicos debe llegar porque, al menos en España, la inmensa mayoría de los químicos abordan problemas bastante convencionales. En este momento, se puede decir que los biólogos nos comen un poco el terreno a los químicos.

En cualquier caso, yo soy un entusiasta y estoy convencido del futuro de la química. De lo que tengo dudas es del futuro del Consejo Superior de Investigaciones Científicas (CSIC), del futuro de ciertas universidades y de ciertos temas de química que, a mi modo de ver, ya estaban obsoletos cuando nos reunimos en Santander hace 30 años. Hay mucha gente que no quiere meterse en camisas de once varas porque no está muy segura de que vaya a ser competente, pero la gente joven tiene que saber que ésa es una confianza que sólo se gana a base de echarle muchas horas.

En pleno siglo XXI, es posible que la visibilidad de la química sea muy inferior a la visibilidad de las ciencias de la vida y de algunos aspectos de la física.

Exactamente. Cuando hablo con otros colegas químicos o con la propia prensa, uno de los temas más recurrentes es que la química tiene mala imagen porque contamina, o por accidentes como el que tuvo lugar en Toulouse. En este sentido, yo siempre digo que, a mi modo de ver, el principal problema al que se enfrenta la química es que para los estudiantes de bachillerato más brillantes no representa un desafío interesante, porque la química que ven ya está muy anticuada. Creen que en química ya no quedan problemas importantes y difíciles por resolver y, por ello, prefieren estudiar física o matemáticas. Pero hay que cambiar esa imagen porque quedan problemas muy difíciles que no sabemos siquiera cómo abordarlos y por ello necesitamos gente brillante para que la disciplina no decaiga.

Hay quienes piensan que el siglo XIX fue el siglo de la química, el XX el de la física y el XXI el de la biología, pero yo no lo comparto porque no quiero que nos manden al siglo XIX. En cualquier caso, esta es una batalla de imagen que no está ganada.

Otro aspecto importante es que la química es la única disciplina que, además, es una industria y eso representa claramente un éxito. La industria química mueve grandes cifras y genera mucho empleo en países europeos como Alemania ¿Es posible que el tema de la visibilidad sólo sea un problema nuestro?

Creo que nosotros hemos hecho todo lo que hemos podido y no creo que sea sólo un problema nuestro porque es un asunto muy complicado que tal vez debiera ser estudiado por otros profesionales como, por ejemplo, los sociólogos. Es verdad que la industria química es extremadamente poderosa y que buena parte de la actividad de la industria farmacéutica se basa en la química; pero, curiosamente, eso no ayuda a que la clase política y el público en general lo entiendan. Tenemos que hacer un gran esfuerzo con la prensa para cambiar la imagen de la química en la sociedad. Es cierto que no podemos minimizar los efectos de las grandes catástrofes químicas en Europa, pero tampoco se les debe dar más importancia de la que tienen. La vida no tiene precio y cada vez que fallece un ser humano, eso es algo que no se paga con nada, pero se debe situar dentro de un contexto y no se debe generalizar y decir que la industria química es algo peligroso.

Efectivamente, un número relativamente reciente de la revista Chemical & Engineering News, *el presidente entrante de la American Chemical Society también habla del problema de la visibilidad de la química, lo cual apunta a que el problema es general.*

Estoy totalmente de acuerdo. Se trata, sin duda, de un problema general.

Volvamos a centrarnos en España. Tú regresas de Francia en 1980. ¿Qué análisis haces del panorama que te encuentras y cuál es la evolución que has observado en estos últimos 28 años?

Voy a contarte una anécdota. Cuando llegué a Madrid, hice oposiciones, saqué una plaza y llegué a un despacho. Allí, un investigador que ya falleció me dijo: "mira Pepe, este es tu sitio, siéntate ahí y haz lo que quieras pero que sepas que no hay ni para éter". Entonces pensé que algo tenía que hacer, porque no estaba dispuesto a estar sentado en una mesa sin hacer nada. Afortunadamente, la situación empezó pronto a cambiar y, de hecho, ha cambiado muchísimo desde entonces. Hay toda una generación de químicos que ahora tienen entre 45 y 55 años que son extremadamente brillantes, que están muy bien formados y que, además, cuentan con medios. Junto a esta mejora extraordinaria de la situación profesional ha desaparecido una especie de entusiasmo patriótico de las personas que ahora rondan los 70 años. En España se ha producido un fenómeno irrepetible: hay una generación de españoles que se ha encargado de demostrar que, si eran tan miserables, no es porque fueran tontos sino porque era culpa de Franco. Para ello, se han matado a trabajar, se han dejado la piel y han logrado demostrar al mundo entero que, si a España se le proporcionaban medios y condiciones adecuadas, podía producir la misma ciencia que el resto del mundo porque éramos iguales que los demás. En los escritos de Ramón y Cajal ya estaba presente esta idea. Él mismo decía que le dolía mucho cuando, al principio, iba a Francia o a Alemania y la gente le miraba como diciendo, "de dónde viene éste si allí nadie sabe de nada", y él tenía que demostrar que las cosas no eran así. Ese sentimiento se ha producido varias veces en la historia de España. Ocurrió primero en los años 20 con la Institución Libre de Enseñanza, que tenía la voluntad de que se podían hacer cosas y luego, de nuevo, entre 1975 y 1980, cuando la gente dijo: "dadnos los medios y nosotros demostraremos lo que somos capaces de hacer". En cambio, creo que esta actitud ha desaparecido porque, actualmente, la gente joven no se cree obligada a demostrar nada porque saben que van a hacer las cosas bien y que la ciencia en España se ha ganado el respeto internacional. Cuando saqué la plaza en España, fui a ver a un responsable del CSIC y le dije que volvía de Francia y que me gustaría hacer investigación. Él me contestó que era demasiado viejo para hacer investigación y que lo que tenía que hacer era dedicarme a la gestión.

Entonces tenías cuarenta y pocos años...

Sí, cuarenta y tantos, ¡y me dijo que ya era demasiado mayor para hacer ciencia! Fue muy duro y, aunque llegué a pensar que podía tener razón, sabía que no me apetecía hacer gestión, entre otras cosas, porque lo único que sabía hacer era investigación. Esta etapa duró muy poco porque enseguida empecé a conocer gente que tenía ganas de hacer cosas y se produjo una fermentación de toda la vida española y tuve la suerte de vivir unos años muy interesantes, en los que, aunque se cometieron muchos errores, también se crearon muchas cosas porque había que inventarse casi todo. A consecuencia de ello, la generación actual también es muy buena pese a que han perdido un poco eso que Malraux llamaba la ilusión lírica: algo que está muy ligado a la poesía, al entusiasmo y a las ganas de querer cambiar las cosas.

En Santander se llevó a cabo un análisis de lo que hacían los químicos españoles y de las áreas que se estaban cultivando. Aquello fue una especie de revulsivo pero han pasado muchos años, ha cambiado el panorama, nos hemos hecho "ricos" —porque la ciencia es una cosa de países ricos— y los químicos españoles publican en revistas de primer nivel. ¿Crees que estamos cultivando algo que dentro de diez años puede derivar en un premio Nobel o que en realidad, a pesar de tanto progreso, nos hemos vuelto a quedar un poco estancados?

La respuesta puede ser afirmativa, pero hay que matizar. Creo que hay personas que realmente se acercan a la frontera del más alto nivel. Lo que ocurrió en España es que la gente logró salir de unas líneas obsoletas para situarse en una franja buena, pero que aún no se podía considerar excepcional, porque se empezó a publicar muy bien. Esta transición se consiguió con un éxito total. Unas pocas personas −no voy a decir nombres, por no ponerte colorado − se movieron aún más allá de esa franja en la que la frontera es más dura porque se publica poco y, a veces, también se fracasa. Ahora hay bastante conciencia de que habría que moverse en esa dirección y espero que la gente joven lo haga. Yo creo que hay algunas personas que ya no pueden. Se dice que un científico solo puede abordar dos o, como mucho, tres temas en su vida, ya que no da para más. Algunas personas ya han hecho ese esfuerzo y empezaron haciendo una química de muy bajo nivel −por ejemplo, en el caso del Instituto del Carbón, el de Carboquímica − y han dado un paso muy grande. No creo que sea posible pedirles ahora que también den el segundo paso.

Es obvio que el futuro está en los riesgos que sean capaces de asumir las nuevas generaciones.

Creo que el futuro está en que la gente mayor empuje a las nuevas generaciones a asumir riesgos. Debemos asumir lo más difícil: poner un colchón para que no se den un batacazo tremendo, proporcionar seguridad a la hora de encontrar recursos, dar un apoyo constante a nivel intelectual, arriesgar uno mismo para empujar a que los demás también arriesguen. Así, se están creando una serie de institutos, como éste del País Vasco, que es ejemplar, pero también en otros sitios como Cataluña, Valencia o Madrid donde se va a crear un Instituto de Nanociencias. Yo creo que de ahí van a salir cosas muy bonitas, aunque bastante más convencionales que lo que se está haciendo aquí. He visitado muchos centros nuevos y, sin duda, el más atrevido es este, pero ya se sabe que, generalmente, la recompensa suele guardar relación con el riesgo. Desde luego, si sale algo inesperado, o sale en la Universidad de Harvard en el grupo de George M. Whitesides o sale aquí, y lo digo de veras. Además, creo que lo que está haciendo el Instituto de Ciencia Molecular en Valencia con materiales magnéticos también es de muy buen nivel y también la labor de los catalanes en el ICIQ, va a desembocar en cosas bonitas en química supramolecular y en química orgánica avanzada. Pero, dentro de todo, son institutos que están más centrados sobre temas bien conocidos y cada uno irá lejos dentro de lo que sabe hacer y creo que van a empezar a llenar la fila de la excelencia, aunque a mi esa es una palabra que no me gusta demasiado y me da un poco de angustia.

A mi tampoco me gusta mucho...

A veces parece que las cosas, o son de excelencia o no tienen sentido y decir eso es muy peligroso porque alguien te puede decir: no sois de excelencia, luego no tenéis sentido.

Cuando yo empecé mi carrera era, es un término que no se usaba mucho y la primera vez que lo escuché se lo oí a Sols pero para él la excelencia era otra cosa y no era lo habitual aquí. El usaba la excelencia para hablar de Cori, de Kornberg, de Ochoa...

Creo que la excelencia es algo que lo pueden decir los otros, pero no lo puedes decir tú. Puedes decir que Ochoa era excelente o que Kornberg lo era, pero uno no puede decir que lo que hace es excelente.

Has mencionado una serie de iniciativas que están teniendo lugar en el país y hablábamos de que, con alguna de ellas, quizás se pueda dar el gran salto que nos hace falta, pero esas iniciativas en muchos casos se están generando fuera de lo que hasta ahora han sido los cauces habituales, como el Consejo Superior de Investigaciones Científicas...

Yo le dije a Joan Guinovart, director del IRB —Instituto de Investigación Biomédica— de Barcelona, que se debería montar una coordinación de centros pero, como dependen más de las comunidades autónomas que del gobierno central, se producen duplicaciones porque no hay ni coordinación, ni comunicación. Creo que, como el Consejo no va a tener esa capacidad de liderar a los centros, sería conveniente reunir, de manera informal, a los directores de los diferentes centros relacionados con la química, digamos de excelencia, de España –que no son más de 10 ó 12–, para intercambiar información. A mi me hubiera gustado que el Consejo asumiera esa responsabilidad de coordinar, pero creo que va a ser difícil.

La situación se asentará algún día, pero creo que a día de hoy esa coordinación no es fácil.

Me doy cuenta de que el tema es delicado y no es fácil, pero hay que ser conscientes de que estáis creciendo y cuando todos esos centros se consoliden serán más difíciles de coordinar. El consejo científico del IRB se reunió hace cinco meses y creo que ahora resultaría más fácil hacer enlaces. Se que es un tema muy delicado y a los científicos, en el fondo, nos dirán que estamos mejor calladitos, pero creo que debería haber contactos. Se puede invitar a los directores a dar unas charlas para establecer, por lo menos, contactos bilaterales, porque no es bueno que esto crezca sin que haya comunicación. A los aragoneses les han comprado algo que vale una fortuna...

Sí, creo que se trata de una importante plataforma de microscopía electrónica...

La más grande que va a haber en España. Pero esto no puede ser, porque hemos luchado durante años en el Consejo para que se respetaran los intereses de todas las comunidades y de todos los científicos y se montara un sistema en el que todos se beneficiaran del saber de los demás. Confieso que esto es algo que me preocupa porque surgen centros fuera de las universidades y, en cierta manera, fuera del Consejo.

Pero como científicos, eso es algo que está fuera de nuestro control...

Totalmente. Es un problema de gobierno, no un problema nuestro. Yo me alegro mucho de que CIC BIOMAGUNE haya surgido aquí porque es mejor que surja algo bueno a tener que esperar a que aparezca una estructura que permita acogerlo. Si la estructura no es capaz de crear cosas como CIC BIOMAGUNE, es mejor que se creen fuera de la estructura a que no se creen. Si esperamos a tener un sistema muy estructurado a la francesa, corremos el riesgo de que al final no se haga nada.

Es mejor que, una vez creado, se intenten buscar pasarelas de comunicación y de intercambio – también de profesionales –. En resumen, creo que es un momento precioso y la verdad es que me dais mucha envidia. El futuro está en que la gente mayor empuje a las nuevas generaciones a asumir riesgos. Los mayores debemos asumir lo más difícil: poner el colchón para que no se den un batacazo tremendo.

Vamos a reflexionar acerca de un tema tan importante como es el de la industria. Creo que, de alguna manera, seguimos divorciados de la sociedad industrial que nos rodea. En el caso concreto del País Vasco, los CIC se han creado en el marco del departamento de Industria. Aquí hay una tradición industrial importante y en este campo se han conseguido éxitos considerables. Como yo lo entiendo, la idea que preside la creación de los CIC es adelantarse haciendo una ciencia de primer nivel que dé lugar a innovación que, a su vez, se traduzca en riqueza. Pero, en base a mi propia experiencia, este no ha sido hasta ahora el planteamiento habitual de las universidades ni del CSIC. Soy consciente, también por propia experiencia, que no es tan fácil conseguir esa conjunción entre lo que una sociedad industrializada demanda y lo que los centros de investigación pueden y deben hacer. Se corre el serio peligro de que se repita lo que le pasó a algunos Centros y a mucha gente en el Patronato Juan de la Cierva a los que se demandaba algo absolutamente inaceptable desde el punto de vista de la investigación científica. Pero, por otra parte, el divorcio absoluto entre la universidad y lo que la sociedad demanda tampoco es bueno.

¿Quizás necesitamos un tejido industrial más poderoso que el que tenemos o puede ser que con un panorama industrial controlado por las multinacionales, la calidad de ese tejido industrial dependa muy poco del nivel de la química que nosotros hagamos?

Cuando yo estaba en el CSIC, nos mandaron hablar con Jordi Pujol para proponerle la fusión de todas las empresas farmacéuticas catalanas. Según el Gobierno central no era viable que funcionaran independientemente cuatro o cinco grandes firmas catalanas, que son las que siguen existiendo en la actualidad. El señor Pujol, que por cierto es doctor en farmacología en Alemania, nos recibió en la Generalitat y muy amablemente nos dijo: "ustedes no tienen ni idea. Estas empresas −Ferrer, Almirall, Esteve y Uriach− son negocios familiares y sus dueños hacen con ellas lo que les da la gana y ni el presidente del Gobierno ni el de la Generalitat les puede decir nada". Y con esta respuesta nos fuimos.

Con esto, quiero decir que la industria se enfrenta a dos problemas básicos. Por un lado, que su actuación se escapa bastante al control del estado y, por otro, que la debilidad de la industria española es muy grande. Sólo existe en Cataluña y en el País Vasco, pero es muy pequeña. Son poco competitivos y buscan temas muy específicos, pero tienen más creatividad que las multinacionales. Me parece que en España no se puede desarrollar la química al nivel que nos gustaría si no hay detrás una industria química potente. En caso contrario, estaremos ante un castillo de naipes: todo parece muy bonito, pero basta cualquier sacudida económica para que se venga abajo. Las universidades están intentando transferir todos los conocimientos que pueden al sector industrial, pero hay poca demanda. Por ejemplo, yo conozco muy bien a una persona, que ocupa un puesto muy relevante en CEPSA, y me consta que han cerrado un laboratorio muy bonito que tenían a las afueras de Madrid. El motivo es que resulta que ahora están mucho más interesados en ir a Argelia y comprar concesiones de gas. Es decir, ellos mismos no se acaban de creer que la ciencia española les puede ayudar, lo cual les convierte en compañías casi especulativas: compran, venden gas, refinan... Pero las patentes que se usan suelen ser de las grandes multinacionales, como Shell. Si simplificásemos este asunto al máximo, probablemente veríamos que el problema más grave de la química española es precisamente la debilidad de la propia industria química.

Estoy completamente de acuerdo.

En una ocasión, el exministro Josep Borrell (entonces secretario de estado de Hacienda) nos citó a todos los presidentes de los Consejos Sociales en el Hotel Palace. Yo le sugerí que la universidad debería transmitir a la industria todo el conocimiento que tiene de manera gratuita porque, en mi opinión, lo fundamental es que la industria funcione bien.

Por eso, el hecho de que la industria pague o no a la universidad por ese conocimiento no es relevante porque lo realmente importante es que la industria vaya bien, que genere empleo y que crezca. Poco más o menos, me contestó delante de todos que estaba loco porque eso tenía que pagarse. Yo creo que no lo había entendido: la industria española es tan débil que hay que ayudarla como sea. Y una de las maneras de ayudarla es transferirle conocimiento porque, si no, algunos no van a sobrevivir. Para mi esa medida sería similar a cuando se conceden descuentos fiscales por invertir en investigación. La motivación no debe ser el intercambio financiero, sino procurar que las empresas españolas no desaparezcan para que no se nos pierda parte de la química orgánica española. Si yo fuera político, diría que hay que ayudar mucho a la industria a nivel científico y a nivel tecnológico y eso creo que, en cierta manera, se ha conseguido en el País Vasco, que ha invertido mucho dinero. Por ejemplo, lo que ha ocurrido con la ría de Bilbao es casi un milagro.

Esa simplificación que tú haces cuando dices que sólo cuando tengamos una industria potente podremos tener una química académica potente, creo que es una reflexión que no se ha expresado muchas veces ya que lo más habitual es hacer ese razonamiento al revés...

Efectivamente, los dos ámbitos deben ir de la mano pero, a nivel de las instituciones públicas, creo que es mucho más fácil incidir en la ciencia académica –incluidos los centros como éste – que en el sector empresarial. Debemos transmitirles a los gobiernos –tanto al central como a los autonómicos-la idea de que hay que ayudar a la industria porque, como empiece a ir mal, vamos a acabar siendo un país de turistas.

Yo creo que la industria sí recibe ayudas aunque, quizás, no le lleguen de un modo adecuado.

La debilidad del sector químico español –con la excepción de las petroquímicas que, pese a ser muy poderosas tienen poca investigación– se ve en que las empresas no están mucho mejor que hace veinte años porque siguen siendo muy frágiles: se crean pocas nuevas y escasean las de capital español mayoritario. Entonces, o no se están haciendo bien las cosas o es que realmente es muy difícil hacerlo mejor. Por ejemplo, Andalucía y las dos Castillas no logran despegar. En Madrid, sí que hay algo de tejido pero es pequeño, salvo el caso de algunas empresas farmacéuticas.

Además, las grandes empresas son multinacionales por lo cual, los países que las acogen no tienen mucha autonomía porque el centro de decisión está fuera.

Yo tengo un amigo alemán —el profesor Limbach — que me dice que no entiende por qué queremos hacer química en España si ya se hace mucha en Alemania. Yo le digo que aquí formamos químicos muy buenos en la universidad y me contesta que, en ese caso, lo mejor es que se vayan a trabajar a Alemania porque allí hay mucho trabajo y que es mejor que en España nos dediquemos a otras cosas, como la energía solar. Yo creo en Europa pero no nos la debemos repartir por especialidades: la química en Alemania y Hungría, la aviónica en Francia e Inglaterra, los teléfonos móviles en Finlandia... Creo que se puede y se debe hacer ciencia de calidad en todos los sitios.

No es habitual que, entre científicos, se haga este tipo de análisis que estamos haciendo porque te puede llevar a conclusiones muy tristes. Hay regiones como el País Vasco que creen que el futuro pasa por tener empresas intensivas en conocimiento y que luchan por ponerse a la cabeza en los próximos 15 ó 20 años. La cuestión está en pensar si eso es posible en un momento de globalización como en el que estamos actualmente.

Yo siempre he creído que un exceso de lucidez puede ser peligroso y que hay momentos en los que hay que decidirse por ir hacia adelante y eso es lo que hay que hacer, aunque por el camino pueda haber nubarrones. En Marsella yo conocí a una de las personas intelectualmente más brillantes que he visto en mi vida. Un chico que había sido pastor hasta que, a los 14 años, un profesor lo vio y le dijo que tenía que aprovechar sus facultades. Comenzó a estudiar e hizo la primaria, la secundaria, la carrera y el doctorado en tan sólo cinco o seis años. Todo seguido. Era un tipo brillantísimo, se hizo químico teórico y un día me dijo que sabía lo que podía hacer pero que no le interesaba porque no era lo bastante bueno para él. Entonces, decidió retirarse y dedicarse a jugar al tenis y a vivir bien. Era una persona extraordinaria que lo abandonó todo por un exceso de lucidez, ya que pensó que no valía la pena porque no iba a llegar a ser como Pople −premio Nobel y químico de referencia en la época−. A mi eso me pareció una barbaridad porque creo que hay que hacer las cosas y luego, ya se verá. Así que, aunque haya problemas sociales o económicos, y aunque esto no pueda ser "La Jolla", es igual.

Antes de comenzar la entrevista hemos estado hablando de la institucionalización de la química en Alemania entre 1820 y el fin de siglo. Hacia 1820 el sueldo de un gran filósofo como Hegel era cinco o diez veces mayor que el de un profesor de química. Sin embargo esta situación había cambiado ya hacia la mitad del siglo. La química se institucionalizó porque la sociedad se convenció de que lo que se hacía en los laboratorios de Justus von Liebig era importante para que los cerveceros hicieran mejor cerveza, tuviesen menos pérdidas y ganasen mucho más dinero. Sólo cuando se llega a ese punto la química en Alemania empieza a convertirse en un pilar básico de la economía apreciado por la sociedad. En la institucionalización de la física con Siemens en Alemania o en la de la química con Perkin en el Reino Unido las historias son similares. Teniendo esto en cuenta, entiendo que tendremos más posibilidades de llegar lejos con nuestras investigaciones si somos capaces de insertarlas de alguna manera en la sociedad.

La sociedad nos tiene que tomar como suyos...

Y eso es válido para la química, para la física y para las ciencias de la vida, aunque los químicos seamos más conscientes de ello y más modestos en nuestras pretensiones. Si se compara la biología molecular o la física de partículas españolas con la que se hace fuera, el resultado es similar al que se obtiene si se compara la química española con la que se hace fuera de nuestras fronteras. No creo que haya grandes diferencias. Esta situación que estamos comentando no sólo se produce en la química, sino que también es válido para la física y para la biología.

Aunque quizás sea más agudo para la química, se puede decir que es un problema común a todas las ciencias experimentales en el momento actual.

Por otra parte, si creemos lo que nos dicen los expertos, el dinero públi-co que se invierte en I+D en España —con excepciones como el País Vasco, que invierte un poco por encima— es similar a lo que se invierte en otros países europeos. Por lo tanto, lo que nos falla aquí es la inversión en inves-tigación de las empresas. El contribuyente sí está aportando el dinero que tiene que poner, pero lo que nos falta es que el tejido industrial invierta en investigación al nivel que le corresponde. En caso contrario, nunca podremos ser un país puntero y eso influirá, sin duda, en la química que hagamos. Se pueden dar casos excepcionales de personas extremadamen-te brillantes pero, por ejemplo, el caso de Ramón y Cajal no es trasladable a estos tiempos que vivimos.

No. Ya no creo que quede ningún sitio en ciencia en el que, casi un autodidacta, por su propio esfuerzo logre sobrepasar a casi todo lo que se hacía en el mundo. Hoy en día, la ciencia ya no se hace así. Ahora tenemos a un físico muy bueno en Alemania, Ignacio Cirac, que está allí porque tiene muchas más facilidades de trabajo. Por eso creo que el tejido in-dustrial que ha conseguido crear el País Vasco es una joya y hay que mi-marlo extraordinariamente porque son cosas que se pueden destruir con facilidad y podemos encontrar casos de otras regiones que lo tuvieron en su día pero lo han perdido. Por ejemplo, Cataluña perdió su industria textil en muy poco tiempo, los valencianos y los alicantinos perdieron la industria del calzado en sólo cinco años. Algunos supieron reaccionar y se pasaron a realizar un calzado de diseño, pero muchos no lo supie-ron ver venir y desaparecieron en poquísimos años. La industria sufre muchos vaivenes y hay que mantenerse alerta y explorar el futuro para saber cómo van a venir las cosas y, en este caso, no supieron imaginarse el fenómeno de China. La industria farmacéutica está relativamente bien informada acerca de lo que les espera porque es una investigación muy tecnológica pero siempre hay que estar atentos a cuáles son los campos emergentes y los nuevos sectores. A los países europeos, sólo les queda la industria de alta tecnología —como la aviónica o la farmacéutica— porque no pueden competir con países como India, China o Vietnam en terrenos como el acero.

«Discurso en el acto conmemorativo del 75 aniversario»

Consejo Superior de Investigaciones Científicas, 2014

Majestades, Excelentísimo Señor Ministro de Economía y Competitividad, Señor Comisario Europeo de Investigación, Ciencia e Innovación, Monsieur le Président-Directeur-Général du CNRS, Señor Presidente del CSIC, queridas y queridos compañeros.

Yo regresé a España en Enero de 1980. Tenía 45 años. Había obtenido una plaza de Investigador Científico para incorporarme al Instituto de Química Médica. Al llegar, me llevaron a un despacho donde había tres personas, Carlos Corral, Salvador Vega y Jaime Lissavetzky. Me dijeron: "toma este cuaderno y este bolígrafo porque no hay ni para éter". Luego vine a este edificio a ver a un vicepresidente (el Presidente era mi querido Carlos Sánchez del Río, no hace mucho fallecido). El vicepresidente me dijo: "eres demasiado viejo para hacer investigación, debes hacer como yo y dedicarte a tareas de gestión".

De alguna manera le hice caso, pues dediqué parte de los años 83-84 al CSIC (mi primer acto fue inaugurar, en el Instituto Torroja, un congreso presidido por un Rey, tres años más joven que yo) y parte de los años 86-89 al Consejo Social de la Universidad Autónoma de Madrid, donde el Rector, Cayetano López, me permitió dar una clase titulada "Política Científica: un mal necesario" a un ilustre alumno que allí estudiaba derecho y económicas. A finales de 2010, el entonces Presidente, Rafael Rodrigo, creo el "Colegio de Presidentes del CSIC" y, a ese título, Emilio Lora-Tamayo me ha hecho el honor de invitarme hoy a dirigirles unas palabras (recuerden que hay once Presidentes vivos).

Pero no voy a hablar del Consejo desde su Presidencia, sino desde su base. Se usa como metáfora, un iceberg, una pirámide, un montón de arena. A mí me gusta esta última. Los montones de arena fina son conos con una pendiente de 31º. La base sostiene el vértice. Hay mucha gente para las cuales el Consejo ha sido su vida. Unos siguen con nosotros, algunos en esta misma sala. Muchos se han ido, entre ellos todos aquellos que entraron hace 75 años. Y no sólo los célebres, Manuel Ballester, Alberto Sols y David Vázquez (los tres Premio Príncipe de Asturias), Eladio Viñuela, José Mª Serratosa, Santiago Castroviejo, Jaume Josa, Álvaro García Meseguer, Salvador de Aza, José Pérez Vidal y muchos otros, incluidos los modestos, han contribuido a construir el Consejo, los modestos son la base de la montaña de arena: sin los cuales se desmorona. El Consejo de hoy lo han hecho todos ellos.

El Consejo tiene ante si tres caminos:

1. Crecer y rejuvenecerse.
2. Rejuvenecerse sin crecer.
3. Periclitar.

Periclitar porque si no se rejuvenece, muere. Rejuvenecerse sin crecer, permite esperar tiempos mejores, pero no es una solución durable: sin entusiasmo no hay futuro. El CSIC necesita un proyecto esperanzador a mediano plazo. Eso supone que trabajar en el Consejo sea posible en edades tempranas, que sus mejores profesionales prefieran hacer carrera en él, antes que irse (no sólo al extranjero, también a algunos centros españoles muy atractivos). Los sueldos son importantes, sería hipócrita negarlo, aunque el personal del CSIC suele ser bastante austero. Pero lo que a los investigadores les llevan mil demonios es la manera de gestionar el organismo, condicionada por una estructura y a una flexibilidad ausente o limitada, que rigidiza un funcionamiento que debería ser ágil y adaptado a su naturaleza, su función y su misión.

El CSIC es el mayor colectivo de pensadores racionales que hay en España, aunque algunos jueguen a la lotería nacional sabiendo que tienen más probabilidades de perder que de ganar.

Como escribe muy bien Javier López Facal "*El CSIC no solo es la institución española que más publicaciones científicas o más patentes produce; es también algo así como la Casa de la Ciencia o el lugar de encuentro de todos los científicos españoles, pertenecientes a universidades, otros organismos de investigación y aún empresas privadas. En su calidad de tal, mantiene infraestructuras comunes, representa a la ciencia española en la mayoría de las uniones científicas internacionales, creó la base Juan Carlos I en la Antártida y lidera programas internacionales en los que participa personal de todas las instituciones. La editorial del CSIC es la mayor de España y por ello en el ISBN español, que es uno de los más extensos del mundo, el CSIC tiene asignado el número 00 como identificador".*

España y más aún el Consejo necesita una revolución administrativa que indefectiblemente pasa por una nueva estructura de gestión, más moderna, ágil y flexible, y más en consonancia con la que tienen nuestros pares en la escena internacional y algunos en la nacional: todo sencillo, todo transparente, continuidad (cambiar una cosa porque tiene ligeras imperfecciones no se justifica económicamente), confianza en la gente, controles a posteriori.

Lo que los investigadores piden a sus autoridades, las hoy presentes y las futuras, es un contrato basado en la confianza. Escribía George Orwell *"las personas son mucho mejores de lo que nos imaginamos".* Pedimos que confíen en nosotros y nosotros nos comprometemos a rendir cuentas y cumplir con nuestro deber. Iba a decir a trabajar sin descanso pero luego recordé lo que Max Perutz escribió sobre Jim Watson (algunos se habían escandalizado de que alguien que pasaba su tiempo jugando al tenis, saliendo con chicas y yendo a los pubs hubiera obtenido un premio Nobel): *"he never made the mistake of confusing hard work with hard thinking".* Así es que nos comprometemos a concentrarnos en nuestro trabajo.

El gran George Whitesides, probablemente el mejor químico vivo, ha escrito que a partir de ahora va a trabajar en el cuadrante de Pasteur. Hace alusión al libro de Donald Stokes, en el que este autor defiende que el dinero público se invierta preferentemente en estudiar problemas de gran importancia social para los cuales falta investigación básica, es decir, en nuestro caso, en conseguir que la investigación del Consejo sea a la vez intelectualmente interesante (eso es, ciencia por el placer de comprender) y útil (eso es, tecnología que funcione). Pasteur fue capaz de juntar las dos. Nosotros también debemos poder.

"Entre Escila y Caribdis, España debe atravesar el estrecho que lleva al futuro sin ser devorada por una ni naufragar en el otro, sin locuras impe-

riales pero sin desánimo. Capaces de dar lo mejor de nosotros y de recibir el reconocimiento merecido".

Una cita de Don Santiago Ramón y Cajal es obligada en un día como hoy. Afortunadamente, hay mucho donde elegir. Por ejemplo, escribe en su estilo inconfundible: *"Supimos también elevarnos a menudo sobre las pequeñas miserias de la vida, sentirnos cada vez más humanos y más patriotas, y avanzar algunos pasos por senderos de paz y de amor hacia luminosos ideales...".*

Dentro de 25 años se celebrará en esta sala el Centenario del CSIC. Si el Consejo crece y se rejuvenece, será una gran fiesta. Espero que muchos de los que están hoy aquí, estén presentes en dicho acto y se feliciten de ver nuestros deseos cumplidos.

Muchas gracias.

«Discurso inaugural del año académico»
Real Academia de Ciencias Exactas, Físicas y Naturales, 2019

Un país que solo está orgulloso de su pasado no tiene futuro

¿PODEMOS LOS CIENTÍFICOS MEJORAR EL FUTURO?

1. Introducción

Excmo. Sr. Presidente, Excmas. Señoras Académicas, Excmos. Señores Académicos, Señoras, Señores, amigos todos:

Cuentan que una emisora de radio de California inició una serie de programas para animar a las personas mayores. Iban preguntando a celebridades qué tenía de bueno envejecer. Cuando le preguntaron a John Huston, este contesto: "Nada". Aunque a mí me parece una respuesta razonable, considero que los ancianos tenemos "historia", hemos vivido lo suficiente para tener muchos puntos en las series temporales y ser capaces de extrapolar, de predecir el futuro basándonos en nuestro largo pasado.

Entre la escritura de mi discurso de ingreso «Metodología de la investigación: los ejemplos de Cajal y de Freud», que entregué en el año 2000, y hoy han pasado casi 20 años. Pero es más: yo cursé el primer curso de la licenciatura en química en el edificio de San Bernardo de la Universidad Central en septiembre de 1951, es decir, hace sesenta y ocho años. Un pasado lo suficientemente amplio.

2. Primer intervalo: Freud y Cajal

Desde aquel discurso del 2000 dos hechos relevantes han ocurrido. El primero, un grupo de eminentes neurólogos (Mark Solms, Antonio Damasio, Eric Kandel, entre otros) han trabajado para tratar de dar fundamento científico a las especulaciones de Freud en una disciplina que se ha dado en llamar neuropsicoanálisis [1]. El segundo está relacionado con lo que decía en mi discurso: "Entre las diferentes contribuciones y escritos de Freud, lo que más interesó a Cajal fue el análisis de los sueños. Es bien conocido el enorme interés que profesaba Cajal por sus propios sueños hasta el punto de anotarlos cada mañana al despertar y es trágico que sus libros sobre este tema se hayan perdido durante la guerra civil". Pues bien, en 2013, gracias a José Germain y a José Rallo, se recuperó una transcripción mecanografiada de ciento tres sueños de Cajal analizados por él mismo de los mil que dijo haber guardado [2]. Tres libros suyos se perdieron o fueron destruidos:

— Ensayos sobre el hipnotismo, el espiritismo y la meta-psíquica [3].
— Los ensueños: críticas de las doctrinas explicativas de los mismos.
— Los sueños. Este último es la continuación de lo que publicó en 1908 con el título "Las teorías sobre el ensueño" en la Revista de Medicina y Cirugía de la Facultad de Madrid (el artículo acaba con la palabra "continuará" [4].

Es de sobra conocido que Cajal siguió publicando hasta el año de su fallecimiento en 1934 ("El mundo visto a los 80 años" se publicó a título póstumo) así que la no publicación de la segunda parte de Los sueños no se debió a falta de vida [5].

Como revelan sus cartas a Marañón, el propósito declarado de Cajal era encontrar una explicación científica de los sueños que refutara la célebre propuesta de Freud [6]. Para ello empleó la misma metodología que le había permitido alcanzar el Premio Nobel en 1906, pero no habiendo logrado su objetivo decidió no publicar sus resultados. Muy influido por Yves Delage (1854-1920) [7,8], dedicó mucho tiempo en la octava década de su vida a anotar y reflexionar sobre sus sueños.

Hay tres aspectos que Cajal excluye en el análisis de sus sueños: su terrible antagonismo con su padre, su sexualidad y su temor a la vejez y a la muerte. Cajal nunca perdonó a don Justo Ramón Casasús que tuviese un hijo natural quince años antes de que su madre, Antonia Cajal y Puente, falleciese, hasta tal punto que estuvo muchos años sin ir a Zaragoza (escribe en su comentario al sueño "Opositar en Zaragoza", "Desear ir a Zaragoza, donde pude ir hace tiempo y no fui").

Figura 1. Monumento a Santiago Ramón y Cajal (foto José Elguero).

El segundo aspecto queda ilustrado con la escultura de Victorio Macho inaugurada en 1926 en el Paseo de Venezuela del Parque del Retiro (Figura 1). Dicho monumento no fue del agrado de Cajal, que comentó irónicamente al verlo: *"Yo nunca me he desnudado ante ningún hombre"* [9], en alusión a la túnica que deja su pecho al descubierto. Pese a todo, la escultura fue inaugurada en el año 1926 por el Rey Alfonso XIII, en un gran acto oficial al que Cajal no asistió. Su disgusto fue tal que Cajal que vivía al lado del Retiro nunca volvió a su parque favorito donde acudía con frecuencia a estudiar las hormigas [10] y donde está el Cerro de San Blas, primera sede del Instituto Cajal [11].

El pudor de Cajal era extremo, no obstante ciertos comportamientos de los que no estaban exentos ni los más eximios varones de la época. Mis abuelos lo conocían bien pues vivían cerca, iban al Ateneo, y Cajal había analizado las Aguas de Carabaña de los Chávarri.

El tercer aspecto, su temor a la vejez y a la muerte, es común a todos los ancianos. Tiene relación con el monumento de Victorio Macho antes citado ya que consta de dos fuentes a los lados, decoradas con sendos relieves cuadrangulares. Representan la Fuente de la Vida (*Fons Vitae*, reza la inscripción) y la Fuente de la Muerte (*Fons Mortis*). Ambos relieves muestran la alegría de una familia por el hijo recién nacido y la pena de una mujer por un hombre muerto. El deterioro mental de la senilidad nos afecta o afectará a todos los que vivan muchos años. Para Cajal que consideraba el cerebro como una obra de arte, y que escribió "*Todo hombre puede ser, si se lo propone, escultor de su propio cerebro*", el miedo a su deterioro aparece en multitud de sus sueños. El del 26 de mayo de 1934 (Cajal fallece el 17 de octubre de ese año) se llama "*Vuelta al laboratorio abandonado*" (nº 46).

3. Segundo intervalo: setenta años de químico

Del segundo intervalo, aquel que corresponde a mis casi setenta años de químico, se me ocurre que si mi director de tesis (Robert Jacquier, 1923-2009) o incluso su director (Max Mousseron, 1902-1988, uno de los primeros directores de la empresa farmacéutica SANOFI) resucitaran hoy tardarían unos pocos días en entender la química que hacemos en la actualidad. Ambos usaron la espectrometría de masas y la resonancia magnética nuclear, que siguen siendo las dos más potentes técnicas instrumentales de hoy. Ambos conocieron a los grandes químicos teóricos franceses, Raymond Daudel (1920-2006), Bernard Pullman (1919-1996) y Alberte Pullman (1920-2011) aunque no hubieran podido imaginar hasta dónde han llegado sus sucesores.

Eran químicos orgánicos, Mousseron más interesado en los productos naturales y en el análisis conformacional (era muy amigo de Derek Barton (1918-1998, Premio Nobel de Química 1969 por sus contribuciones a la conformación de las moléculas), Robert Jacquier en la síntesis y propiedades farmacológicas de los heterociclos. Este último estaba en plena actividad hasta al menos 1990.

De los 67 galardonados con el premio Nobel desde 1990, son (o han sido) correspondientes extranjeros nuestros seis. No se puede decir que abusemos del prestigio del premio para elegir nuestros académicos extranjeros.

¿Qué pensaría Robert Jacquier de esos Premios Nobel? No le extrañaría nada que haya muchos en la interfaz química-biología (exactamente doce de veintinueve: 1993, 1997, 2002, 2003, 2004, 2006, 2008, 2009, 2012, 2013, 2015, 2018). Se interesaría mucho por las nuevas técnicas de observación (cuatro: 1991, 1999, 2014, 2017) pero no por sus fundamentos sino por sus aplicaciones. Como muchos, se preguntaría ¿para qué me pueden servir? ¿Qué problema tengo que me ayudarían a resolver? No crean que esa actitud filistea ha desaparecido. La mayoría de los químicos de hoy usan la RMN y la espectrometría de masas con unos conocimientos limitados de sus fundamentos físicos (lo poco que recuerdan de algún curso de la carrera). No solo lo ignoran, no les interesa. Se limitan a los desplazamientos químicos y unos pocos a las constantes de acoplamiento. Claro que hay excelentes espectroscopistas en España.

4. El momento áureo

Antes de discutir cómo imaginarían el futuro una novelista, un divulgador y un científico, me gustaría abordar el problema del momento áureo. No solo los matemáticos conocen el fascinante número áureo o razón áurea $\Phi = (1 + \sqrt{5}) / 2$, ya que aparece en todas las bellas artes (escultura, arquitectura, pintura, cine, música) así como en la naturaleza (plantas, caracoles, seres humanos) [12]. Pretendemos aquí introducir, con la debida humildad, el momento áureo definido como el momento en el que el conocimiento de un tema determinado alcanza el 50%, es decir que después de ese momento queda menos por descubrir que lo ya descubierto. La mitad es pues el cenit, la edad de oro. A partir de ese momento algunos autores creen que empieza el declive, en particular y en lo que nos atañe, el declive de la ciencia.

Si su apariencia fuese la de una curva de Gauss correspondiente a una distribución normal la mediana, μ, sería nuestro momento áureo. Naturalmente el número total de descubrimientos va a seguir creciendo después de ese momento pero con una pendiente cada vez menor, como la curva de distribución de frecuencia acumulativa.

Lo voy a ilustrar con unos ejemplos. Los espeleólogos se preguntan si quedan menos cavidades por descubrir que las ya conocidas. Aquí surge una primera dificultad: la definición de cavidad. Si se elige un modelo fractal, probablemente queden muchísimas más microcavidades por descubrir que "descubiertas". Si se elige cavidad como un lugar concrecionado y explorable (lo cual condiciona las dimensiones) entonces la respuesta tiene sentido aunque no se sepa contestar. Otro ejemplo, este más cercano. En paleontología ¿quedan más especies por descubrir que las ya descubiertas? Es decir ¿estamos aún antes del momento áureo? Pero, ¿y si en lugar de especies decidimos contar individuos, o huesos? Un ejemplo más. Los récords de atletismo. Por definición, solo pueden aumentar. En categoría masculina entre alrededor de 1930 y alrededor de 1990, el de altura ha pasado de 2,07 a 2,45 m, el de longitud de 7,98 a 8,95 m, el de pértiga de 4,39 a 6,14 m. Muchos no mejoran desde esa época. El de 100 m lisos es más reciente ya que ha pasado de 10,3 en 1935 a 9,58 s en 2009. Mejorarán, pero cada vez en cantidades más pequeñas.

¿Podemos deducir que la edad de oro del atletismo ya ha pasado? Recuerden que se han calculado los límites de las diferentes pruebas usando mecánica clásica (altura 2,50 m, longitud 9,25 m, 100 m lisos 9,45 s): como ven los atletas están cerca del máximo.

Dado que el Universo es finito su conocimiento tiene un día que llegar a ser del 50%. Pero según definamos el conocimiento puede resultar algo tan gigantesco que escape a la duración de vida de la humanidad. Si lo reducimos a la Tierra, pasa igual.

Cuando los físicos consigan una "teoría del todo", ¿qué quedará por descubrir? ¿Solo las aplicaciones? [13]. Cuando los biólogos lleguen a establecer todos los mecanismos que tienen lugar en los seres vivos, incluido el cerebro humano, ¿habrá llegado el final de su saber?

¿Estamos en este momento viviendo el final de la edad de oro de la ciencia? Nos referimos a las ciencias experimentales. Dejamos a los matemáticos decidir si su dominio está también acotado. Pero si como decía Galileo [14] el libro de la naturaleza está escrito en lengua matemática, entonces si el libro se completa eso tendrá un efecto sobre las matemáticas [15,16].

Algunos autores como Stent [17] y Horgan [18] han preferido discutir el final de la ciencia. A mí me parece que es un error porque la ciencia nunca acabará o al menos aun quedará ciencia cuando ya no queden seres humanos. Esa elección ha facilitado la respuesta de Maddox Lo que queda por descubrir [19], que seguiría siendo válida, aunque la ciencia ya hubiese empezado a declinar.

El libro de Stent es de 1959 y hoy día está un poco olvidado [17]. Sin embargo, está lleno de ideas originales, algunas corresponden a lo que ya hemos comentado. *"Progress is self-limiting"* ("el progreso es autolimitador"), escribe Stent en el sentido que cuanto más deprisa se avanza en el saber menos queda por descubrir. Basándose en la ley de aceleración de Henry Adams [20] y asumiendo que el saber se duplica cada generación [21], Stent calcula que el "punto de equivalencia" [22] se alcanzará en 2160 y, aunque fuese mucho menor que doblar, se alcanzará en unos pocos siglos.

El libro de John Horgan de 1996 [18] tuvo mucho éxito y aún hoy día es digno de lectura. En realidad, aunque se llame *"El fin de la ciencia"* se refiere al declive de la era científica como dice el título completo. Campo por campo, progreso, filosofía, física, cosmología, evolución, neurociencia, inteligencia artificial, caos, etc., y con entrevistas a los grandes nombres de su tiempo (David Bohm, Gregory Chaitin, Noam Chomsky, Francis Crick, Paul Davies, Richard Dawkins, Freeman Dyson, Richard Feynman, Murray Gell-Mann, Sheldon Glashow, Fred Hoyle, Thomas Kuhn, Benoit Maldelbrot, Marvin Minsky, Roger Penrose, Karl Popper, Steven Weinberg, John Wheeler, Edward O. Wilson, Edward Witten [23]) ha construido su relato. Vistos esos nombres, inevitablemente aparece el "argumento de autoridad" [24].

El libro de Horgan llevó a Maddox a escribir el antes mencionado Lo que queda por descubrir [19]. Sir John Royden Maddox (1925-2009) fue editor de la revista *Nature* durante veintidós años y debido a ello ejerció una enorme influencia sobre la ciencia mundial dado que las administraciones públicas decidieron que publicar en *Nature* (o en su rival, *Science*) era el mejor criterio para juzgar a un científico [25,26]). Criticar por mi parte su libro sería comportarse como esos críticos de voz aguardentosa que escriben "la Callas no ha tenido hoy su mejor día".

El principal problema del libro de Maddox es que es de 1998, es decir, que data de hace veintidós años y que ha envejecido mucho [27]. Contiene algunos errores debidos a descubrimientos ulteriores tales como que la expansión del Universo se está desacelerando [28], la radiación cósmica de microondas es isótropa [29], la edad del Universo está entre 7,5 y 11,5 billones de años (billones USA; hoy se estima a 13,8 billones), los neutrinos no tienen masa [30], etc.

Más que una predicción del futuro es un catálogo de lo que queda por explicar. Recuerda que lo que queda por descubrir no es lo mismo que lo que será descubierto. Escribe que en este momento cuelgan delante de nuestros ojos los hilos de un futuro tejido que no sabemos ver (si lo supiéramos, seríamos buenos candidatos al Premio Nobel).

En un capítulo de 11 páginas de un libro de 415 llamado "*What lies ahead*", Maddox da algunas pistas de cómo concibe el futuro. Se pregunta si se podrán construir ordenadores basados en el principio de incertidumbre de Heisenberg [31]; habla de cuando funcione el LIGO (recordemos la frase de Frederic William Maitland "*We should always be aware that what now lies in the past once lay in the future*") [32]; de que es más fácil medir con precisión el punto de ebullición del agua (373,2 K a presión normal) que calcularlo teóricamente (sigue siendo verdad [33]).

Me voy permitir insistir sobre un aspecto epistemológico porque está presente en todas las discusiones sobre el final de la ciencia. Para juzgar si ya estamos en un periodo de decadencia es necesario definir cuáles son los grandes descubrimientos científicos y ordenarlos. Será como un cono o mejor como discos empilados en tamaño decreciente sobre el mayor que servirá de base [34]. Cuanto más cerca del vértice se elijan los grandes descubrimientos más difícil será en el futuro encontrar alguno similar y, por ende, la ciencia decaerá. Pongamos que los grandes descubrimientos son las leyes de Mendel (Mendel), el darwinismo (Darwin), el electromagnetismo (Maxwell), la termodinámica (Boltzmann-Gibbs), la estructura y papel del ADN (Watson-Crick), el código genético (Crick-Brenner-Ochoa), la teoría general de la relatividad (Einstein) y la mecánica cuántica (Planck, Einstein, Schrödinger, Heisenberg). Es importante que sean debidos a un número restringido de autores. Seguro que otros pensarán que he olvidado alguna (o que alguna no merece estar en la punta), en todo caso esas son las que algunos piensan insuperables, piensan que nada tan importante será descubierto nunca [35].

No crean que el pesimismo sobre el futuro de la humanidad, sobre su progresivo declinar es solo cosa de filósofos (José Ortega y Gasset, Emilio Lledó, etc.) ya que algunos grandes científicos han expresado sentimientos similares [36]. Permítanme que cite solo a dos.

Ilya Prigogine (Premio Nobel de Química, 1977): *"En realidad, la ciencia está descubriendo el tiempo, y en cierto sentido esto marca un final a la concepción clásica de la ciencia, ¿marcará un final de la ciencia propiamente dicha?"*

Richard Feynman (Premio Nobel de Física, 1965): *"Somos afortunados de vivir en una época en la que seguimos haciendo descubrimientos. Es como el descubrimiento de América –solo se descubre una vez–. La época en la que vivimos es la época en la cual estamos descubriendo las leyes fundamentales de la naturaleza, y ese día nunca volverá [37]. Naturalmente en el futuro habrá otros intereses pero no serán las mismas cosas que hacemos ahora".*

Una última salvaguarda. Hay problemas irresolubles (no en el sentido de Gödel-Turing) que no deben ser considerados como una parte del libro de la naturaleza: ¿hay un número infinito de universos?, ¿cómo calcular *ab initio* las constantes universales?, la velocidad de la luz en nuestro Universo ¿es la única posible para un Universo estable?, ¿hay seres inteligentes demasiado lejos, fuera del cono de luz? [38,39], ¿existe el inconsciente?, ...

5. Predecir el futuro

Las certezas que nos dan las leyes físicas no permiten predecir el futuro, solo Laplace creía que eso era, al menos teóricamente, posible [40]. Por ello los humanos vivimos en un universo probabilista. Constantemente hacemos predicciones sobre lo que va a acontecer. Algunas las convertimos en apuestas. La mayoría nos ayudan a vivir. No es una actividad propia de matemáticos, ni siquiera de científicos. Todos los humanos en todos los tiempos las hemos usado y las vamos a seguir usando. Nuestro comportamiento es función de esas predicciones, desde las más triviales (coger el paraguas) hasta las más elaboradas (¿cuándo celebrar elecciones para obtener el mejor resultado?).

Los científicos las usamos como los demás humanos que somos y como científicos. Es ese segundo aspecto el que nos interesa hoy. A su vez podemos considerar dos variantes; como metaciencia (debemos investigar en un tema de trabajo con la esperanza de que sea muy importante en el futuro) y como ciencia (cuál es el futuro de nuestra disciplina). Tampoco son los aspectos metacientíficos (¿oportunistas?) los que me interesan hoy aunque sean determinantes para las carreras profesionales. Lo que me parece apasionante y socialmente relevante es contestar a preguntas tales como ¿cómo será mi disciplina dentro de cien años?, ¿qué ciencia hacer hoy que modifique el mundo futuro?

Hay autores que niegan que pueda predecirse el futuro. El más popular hoy día es Nassim Nicholas Taleb cuyos dos libros *"The black swan"* [41,42,43] y *"Antifragile"* [44,45] se basan en que el futuro es impredecible como lo eran los cisnes negros antes de que se descubrieran en Australia. En un ataque frontal a la distribución normal y a la curva de Gauss, Taleb escribe que lo normal no es interesante, que creemos saber mucho más que lo que realmente sabemos y que la predicción requiere conocer metodologías que aún no se han descubierto. Ergo, no podemos conocer lo que conoceremos.

Taleb cita como ejemplo de cisne negro el descubrimiento de la penicilina al que considera un caso perfecto de serendipia [46]. Según él, aunque Alexander Fleming estaba buscando "algo" lo que descubrió fue puramente casual e incluso tardó mucho en ser reconocida su importancia [41]. De ahí que fuese imposible predecir el descubrimiento de los antibióticos y, en consecuencia, que todo intento de predecir el futuro esté condenado al fracaso. Más aún, no tiene sentido hacer política científica porque los descubrimientos importantes surgen al azar.

¿Cómo lo vemos nosotros? En primer lugar, los antibióticos no supusieron una revolución en biología molecular, como poner el pie en la Luna o dentro de poco en Marte no cambiaron ni cambiarán las leyes de la física. Muchos grandes medicamentos, por ejemplo el ibuprofeno, se descubrieron por el método menos serendipio posible, probando cientos de sustancias.

Se ha escrito que si Fleming no hubiese descubierto la penicilina en 1928 cientos de millones de personas hubiesen muerto prematuramente (en particular los heridos de la Segunda Guerra Mundial) ya que lo único que tendríamos serían súper-sulfamidas [47]; los autores olvidan las quinolonas antibacterianas como la ciprofloxazina [48].

La realidad es mucho más compleja [49]. Fleming, que ya había descubierto la lisozima en 1922 (un medicamento menor pero importante en la industria alimentaria), buscaba un antibacteriano contra la gripe (el descubrimiento de que se trata de una enfermedad viral es posterior al de la penicilina) y en una historia célebre pero muy probablemente embellecida descubrió por casualidad que una rara variante del moho *Penicillium notatum* (luego llamado *Penicillium chrysogenum*) destruía las colonias de *Staphylococcus aureus*, una bacteria Gram-positiva.

Se ha dicho (y eso es la base del efecto "cisne negro") que si Fleming no hubiese "tenido la suerte de una contaminación accidental" y no hubiese sido un genio nadie hubiese descubierto los antibióticos naturales. Pero eso no es cierto, ya en 1876 John Tyndall (el físico irlandés conocido por el efecto que lleva su nombre y por sus trabajos sobre el efecto invernadero) señaló que el *Penicillium* destruía las bacterias. En 1877 Pasteur y Joubert publicaron que organismos transportados por el aire impedían el desarrollo de las bacterias del antrax, el *Bacillus anthracis*. En 1920, los doctores André Gratia y Sara Dath, trabajando en el Instituto Pasteur de Bruselas, hicieron una observación idéntica a la de Fleming [50] pero no fueron más allá (cosa que Gratia nunca se perdonó) [51].

Tres comentarios más sobre la historia de la penicilina.

Parece claro que el descubrimiento del primer antibiótico natural no influyó mucho sobre el progreso de la ciencia. Si lo comparamos al bosón de Higgs no hay duda de quién va a cambiar la historia de la ciencia, tema principal de estas reflexiones. Como son campos muy alejados parece que, aunque los antibióticos salvan miles de vidas cada día y el bosón de Higgs ninguna no deben entrar en concurrencia. Pero el legislador, con sus limitados recursos, puede tener que decidir si invertir en el CERN o en investigación biomédica.

En segundo lugar, recordemos el papel de Sir Howard Florey y Sir Ernst Chain, las otras dos personas que recibieron el Premio Nobel en Fisiología y Medicina en 1945. Para las personas presentes en esta sala es algo muy conocido, pero para el público en general ¿quién ha oído hablar de Florey o de Chain? A principio de 1938, es decir diez años después del descubrimiento de Fleming, es cuando Chain encontró su publicación y se puso a trabajar en el aislamiento de la penicilina. Hay que recordar que se suponía que el principio activo de la penicilina era una enzima, como la lizosima, o un bacteriófago. Nadie imaginaba que podía ser una sustancia química de bajo peso molecular que le confería al hongo una ventaja selectiva en su competición con las bacterias para su fuente de alimentación.

Finalmente, a propósito de Taled, sus cisnes negros y su anti-fragilidad [41,44], mi predicción será que más que una contribución importante a la epistemología su fama será perecedera. Creo que ha cometido el error del que nos ha prevenido Sherlock Holmes [52], y habiendo creado una teoría según la cual solo los descubrimientos casuales son importantes, ha intentado encontrar ejemplos que se ajusten a su teoría, deformándolos cuando era necesario.

En el fondo, descubrimientos inesperados se producen a millares pero solo unos pocos tienen consecuencias importantes. ¿Es que hay cosas importantes que se pudieron descubrir en el pasado (¡que no necesitan el telescopio Hubble!) y que se han perdido porque no encontraron su Fleming? Probablemente perdido en una publicación se encuentra algo que contiene una información valiosa pero ¿cómo encontrarlo?

6. Tres modelos

Una manera de abordar esas cuestiones es examinando cómo las han tratado tres tipos de intelectuales: los escritores de ciencia ficción, los grandes divulgadores y algunos científicos relevantes.

El novelista carece de los conocimientos del divulgador profesional y, aún más, de los del científico. Pero no tiene el corsé de estos y eso le permite ser mucho más audaz. Su futuro imaginario no debe contradecir ninguna ley física (como ocurre en las fantasías) pero puede permitirse bastantes libertades rozando con la fantasía: vehículos que levitan, velocidades *cuasi*-lumínicas, teleportación, comunicaciones mente-a-mente, razas inteligentes no humanas, etc.

El divulgador tiene que ser riguroso pero al abarcar tantos campos se permite, voluntaria o involuntariamente, algunas libertades, algunos atrevimientos. Sus lectores científicos conocen unos pocos campos y eso les llevará a algún fruncimiento del ceño pero desean una visión global y le perdonarán esas desviaciones.

El científico debe ser riguroso ya que será juzgado por sus pares que buscan audacia dentro del rigor. Será probablemente el más cauto tanto en los objetivos como en la duración (más "cortoplacista"). Le preocupa mucho más que a los precedentes equivocarse aun cuando la equivocación solo sea evidente "*post-mortem*".

He elegido una persona para cada caso y en eso soy arbitrario. Como escritor, a Rosa Montero y su trilogía de Bruna Husky [44,45,46], "*Madrid 2109-2110*", porque Rosa Montero tiene un buen conocimiento de la ciencia. Como divulgador, a Yuval Noah Harari y su libro de 2016 "*Homo Deus: Breve historia del mañana*" [47]. Harari es bien aceptado por los científicos (mucho menos por los filósofos), yo he oído en esta Academia contar como novedoso cosas de sus primeros libros: copiar es una manera de reconocer el valor de algo. Como científico, he elegido a Georges Whitesides con algunas apostillas de quien les habla.

Casi todo el mundo conoce a Montero y a Harari pero solo (o casi solo) los químicos sabemos quien es Whitesides. Permítanme una pequeña digresión en este momento para hablarles de los Premios Nobel, tanto de quienes lo merecen y no lo obtienen como de quienes lo han obtenido sin merecerlo [48]. Los segundos son fáciles de detectar, el paso del tiempo se encarga de ello, y de entender las razones (sesgos raciales, nacionales, de género). Los primeros no se pueden demostrar ya que tienen una com-

Figura 2. Rolf Huisgen

ponente subjetiva. Para mí hay dos grandes químicos, aún vivos, que se lo merecen, uno es el alemán Rolf Huisgen (Figura 2, nacido en 1920, tenía 25 años en 1945), el otro el estadounidense George Whitesides (nacido en 1939). A Huisgen es muy improbable (de probabilista) que se lo den; a Whitesides que este año cumple 80 años aún puede suceder y, ojalá, suceda.

7. La relación de la química con la física

Hay otro aspecto que, siendo común a todos, debe de ser tratado aquí. Se trata de la relación de la química con la física. El gran Paul Dirac escribió: *"Las leyes subyacentes necesarias para la teoría matemática de una buena parte de la física y de toda la química son entonces completamente* conocidas, y la dificultad es solo que las aplicaciones exactas de esas leyes nos conducen a ecuaciones mecánico-cuánticas que son demasiado complejas como para ser solubles". Esta concepción llevó a John Horgan [18], basándose en el libro de Gunther Stent [17], a escribir que "ciertos campos de la ciencia, arguye Stent, están limitados sencillamente por los propios límites del sujeto. Nadie considerará que la anatomía humana o la geografía, por ejemplo, tengan tareas infinitas. La química, también está acotada. Bien que el número total de reacciones químicas posibles es muy grande y la variedad de reacciones que pueden experimentar vasto, el objetivo de la química de entender los principios que gobiernan el comportamiento de las moléculas es, como el objetivo de la geografía, claramente limitado. Dicho objetivo se alcanzó probablemente en los años 30 del siglo pasado cuando Linus Pauling estableció que todas las interacciones químicas se pueden explicar en términos de mecánica cuántica [58]".

La importancia del tema merece algunas consideraciones personales.

Postulado. Toda la física que la química necesita es conocida, tanto la termodinámica como la mecánica cuántica. La tercera gran aventura de la humanidad, la relatividad general, no va influir en la química aunque hagamos correcciones relativistas cuando calculamos elementos pesados.

Corolario. La física que falta por conocer para alcanzar la teoría del todo (materia y energía oscura, gravedad cuántica, por ejemplo) no tendrá efecto sobre la química.

Contradicción aparente. Lo que sí tendrá un enorme efecto sobre la química son los instrumentos de medida basados en descubrimientos físicos no comprendidos en el postulado. Técnicas como la RMN-β [59] o la RMN de muones [60] son ejemplos recientes.

Que todas las reacciones, transformaciones, interacciones y propiedades físicas de la química obedezcan las leyes de la física es una certeza absoluta. ¿Quiere ello decir que toda la química es una rama de la física? [61].

8. La novelista

Rosa Montero (Figura 3) en el último libro de su trilogía [55] da las gracias a los científicos que han verificado la ausencia de errores de bulto en su manuscrito. Usa de una inteligente manera la predicción del futuro (recuerden que predice el mundo y, en particular, España dentro de noventa a cien años), basada en cosas que "casi existen" y asumiendo que tendrán éxito (ver [62]). Por ejemplo, es como si yo imaginara un futuro en el que la fusión nuclear funcionara perfectamente y la humanidad gozase de una fuente de energía barata, inagotable y limpia. Eso exige menos imaginación. Es casi como una apuesta. En el caso del mundo de Bruna Husky, por los ascensores espaciales que unen una estación espacial en una órbita geosíncrona con un cable de 35.786 km de largo que llega hasta el suelo. O las baterías de positrones y otras cosas incipientes.

Es evidente que el mundo dentro de cien años que imagina Rosa Montero está limitado por la decisión natural de que sea interesante para sus lectores. Eso la lleva a imaginar cosas altamente improbables (teleportación, extraterrestres, gigantescas estaciones espaciales) y a no profundizar en cosas más probables pero menos dramáticas.

Por disciplinas, lo esencial se refiere a los aspectos biológicos y médicos ya que el personaje de Bruna Husky ha sido creado a partir de células madre (¡de la propia Rosa Montero!). Luego sigue la física y la ingeniería. La química es vista a partir de sus dos vertientes más populares: medicamentos (en la interfaz con medicina) y materiales (en la interfaz con física).

Como primera aproximación, Rosa Montero, de 65 años, escribe como será el mundo dentro de 95 años. Es decir, uno predice el futuro en función del tiempo que ha vivido. Una vida humana, incluso muy larga, es demasiado corta para predecir un futuro lo bastante lejano para ser interesante.

Antes de pasar al próximo punto recordemos que el tema de los escritores visionarios (Verne, Shelley, Wells, Huxley, Bradbury, Clarke, Asimov,...) ha dado lugar a una enorme bibliografía. Conviene recordar dos aspectos. El primero es que junto a predicciones acertadas hay muchas erróneas que se olvidan. Así Julio Verne en su obra póstuma de 1914

Figura 3. Rosa Montero

"*La impresionante aventura de la misión Barsac*" describe las "avispas", torpedos teledirigidos usados como armas de guerra que recuerdan a los "drones" (los VANT), pero también sistemas de espejos como medio de vigilancia (véase también "*El castillo de los Cárpatos*" de 1892 para el uso de espejos para transmitir imágenes). El segundo es que la ciencia-ficción, en palabras de su creador Hugo Gernsback, se ocupa mucho más de tecnología que de ciencia [63]. Ello se debe a que es mucho más difícil predecir avances en ciencia que en tecnología y que es más entretenido ir a un mundo de imaginarios avances tecnológicos que a uno donde se haya resuelto el teorema del área de Hawking.

9. El divulgador

Como ya hemos dicho, vamos a resumir el libro *"Homo Deus: Breve historia del mañana"* de Yuval Noah Harari [56]. Se trata de unas predicciones muy audaces, aunque el libro trata más del pasado y del presente (conocidos) que del futuro (por conocer). Considera controladas hambre, plagas y guerra, recuerda que fallece más gente por suicidio que por soldados, terroristas y criminales combinados. Si estamos cerca de controlar hambre, plagas y guerra, ¿qué vamos a hacer en el futuro? ¿Vamos a acabar con la muerte? ¿Se va a convertir la muerte en una elección voluntaria? Cuando le preguntaron a Woody Allen si le gustaría vivir eternamente en la pantalla, contestó: *"Preferiría hacerlo en mi apartamento".*

Se trata de una visión muy atrevida incompatible con las religiones monoteístas basadas (al menos para dos de entre ellas) en una vida después de la muerte, ya que Harari cree que pronto alcanzaremos la vida eterna, si así lo deseamos, en este siglo o en el próximo. El precio a pagar es la fusión con las máquinas que supondrá la extinción del *Homo Sapiens* o, al menos, su paso a un papel secundario. La célebre frase de Keynes "a largo plazo estamos todos muertos" se convertiría en "a largo plazo, la mayoría de nosotros estaremos muertos".

No habla Harari de los progresos de la ciencia necesarios para alcanzar ese nuevo estadio en la evolución, aunque están implícitos en su predicción del futuro. Por la naturaleza misma de su modelo, las ciencias de la vida son prioritarias, en particular las neurociencias. Hay toda una bibliografía por un lado sobre los superhumanos [64] y por otro sobre si en el futuro seremos superfluos [65].

Como todo lo que hemos estado comentando sobre la predicción del futuro adolece de la debilidad de estar basado en hipótesis científicas y tecnológicas cuya próxima realidad es al menos incierta. Alguien ha escrito "lo que no se puede imaginar no se puede predecir" y "las predicciones deberían tener fecha de caducidad" [66].

Figura 4. George M. Whitesides.

10. El científico

Voy a resumir tres magníficos trabajos de Whitesides (Figura 4) relacionados con la química pero válidos para muchos otros campos: uno de 1990 [67], uno de 2004 [68] y el último de 2018 [69] todos publicados en inglés en *Angewandte Chemie* y, por lo tanto, todos fácilmente accesibles. Whitesides reconoce en su predicción de la química dentro de veinte años (escrito en 1990 [66], luego para 2010) que las cosas más importantes y más interesantes, aquellas que suponen una ruptura radical con lo presente, no las puede predecir. Predecir lo que él llama ciencia extraordinaria es lo que ha dado merecida mala fama a la especulación.

Dice que especular sobre el futuro de la ciencia parece estar genéticamente codificado en los científicos hasta el punto de preguntarse ¿por qué gastamos nuestro tiempo en especular sobre temas que creemos no poder predecir? Por al menos cinco razones: 1) utilitaria (planificar nuestra investigación y, si lo hacemos con éxito, tener una buena carrera profesional); 2) satisfacer nuestra curiosidad (¿cuál de nuestras fantasías será la realidad de nuestros nietos?); 3) filosófico-cultural; 4) la sociedad espera de nosotros que especulemos; 5) ¿hay líneas de investigación que debemos evitar?

En 1990 propone una acercamiento bimodal: atraer (relacionado con la sociedad o con el neologismo "societal") y empujar (relacionado con la ciencia). Es decir, la química evolucionará arrastrada por las necesidades sociales y empujada por la dinámica de la ciencia.

Las necesidades sociales son:

1. La seguridad nacional. Recuerda que muchos grandes descubrimientos están relacionados con la guerra (energía nuclear, gasolinas de alto índice de octano, penicilina, ordenadores, aviones a reacción, comunicaciones por satélites, etc). Predice que lo militar va a dejar paso a lo económico (pero eso está escrito antes del 11-S del 2001).

2. La sanidad en sus cuatro aspectos de población envejecida, epidemias globales, costo y drogas. Si la química quiere contribuir a su solución debe fusionarse con la biología.

3. El medio ambiente. Calentamiento global, residuos (incluidos los generados por los centros universitarios).

4. Energía: Baterías, coches híbridos.

Los temas científicos que van a empujar a la química son:

1. Materiales. Nueva ciencia que implica fenómenos que tienen lugar a escalas que han estado fuera del dominio de la química en tamaño, tiempo o intensidad [70].

2. Predicción de propiedades. Cómo contestar a la pregunta ¿cómo puedo sintetizar un sólido que sea superconductor a 400 K? en los campos de polímeros; superficies e interfaces [señala en 1990 lo interesante que es el grafito (el grafeno fue descubierto en 2004)]; materiales inteligentes.

3. Química biológica: Reconocimiento molecular; diseño racional de fármacos; evolución y auto-ensamblaje; bioenergía; bases moleculares de la memoria.

4. Computación. Recuerda que solo la computación permite contestar a preguntas tales como ¿qué pasa si cambia la constante dieléctrica

del agua?, y profetiza el impacto de los ordenadores masivamente paralelos y las redes neuronales.

5. Explorando los límites: Muy pequeño (PCR [71]), muy rápido (Zewail [72]), muy grande (cita la síntesis de diamante ^{12}C isotópicamente puro que el material con la mayor conductividad térmica conocida). Concluye escribiendo que la química es la ciencia más fundamental en lo que concierne a la realidad perceptible.

En 2004, catorce años después, adopta otro acercamiento [67]. Trata de ver qué pasaría si una serie de premisas que damos por verdaderas fuesen falsas o, al menos, incompletas (la sociedad cambia cuando desecha una hipótesis mayor): 1) somos las entidades más inteligentes del planeta (relacionado con la complejidad, la emergencia y los ordenadores); 2) somos mortales (no es necesario llegar a la inmortalidad, con mucho menos cambiaríamos el mundo, por ejemplo, si la fertilidad femenina durase 100 años); ¿hay que limitar el número de nacimientos o limitar la duración de la vida?; 3) los pacientes tienen el mismo acceso a la información que los médicos y están mucho más motivados, ¿cómo va modificar esto la medicina?; 4) la tierra tiene que permanecer habitable; 5) ¿Seguirán siendo las naciones la más poderosa de las organizaciones humanas? La tecnología es cada vez más supranacional.

En 2018 [68], Whitesides hace un elogio encendido a la curiosidad y escribe que cuando en un diálogo socrático se llega a una pregunta cuya respuesta es "no sé" (debo seguir pensando) hemos alcanzado el objetivo. Reconoce que además de la curiosidad la ciencia está guiada por la necesidad de resolver ciertos problemas, pero advierte a los docentes del peligro de acabar con ella (recuerda la frase de Albert Einstein "*es un milagro que la curiosidad sobreviva la educación formal*"). Este es un documento excepcional en el que un gran científico habla de su manera de pensar, de sus emociones, algo que Roald Hoffmann ya ha defendido [73,74] y que cae fuera de los aspectos formales tan queridos por Popper [42]. También Serratosa se acerca a Whitesides cuando defiende las "half-baked ideas", las ideas a medio cocer [36].

Para relajar un poco un acto tan serio cuenta Whitesides que su amigo Jeremy Knowles (también de Harvard, 1935-2008) decía que la principal razón por la que iba a las conferencias era para estar ligeramente aburrido, lo que permitía dejar volar su imaginación.

Por mi parte, poco que añadir. Quisiera recordar que llevo tiempo insistiendo en la explosión combinatoria de la química. Moléculas de tamaño más pequeño que muchas ya sintetizadas tienen más isómeros que partículas elementales hay en el universo. La humanidad se extinguirá habiendo sintetizado y estudiado una fracción ínfima de las moléculas posibles [75,76,77].

Los números son tan grandes que una exploración de tipo "fuerza bruta" no sería eficaz. Convendría una exploración de tipo diseño óptimo de experimentos (por ejemplo, una matriz de Plackett–Burman) pero para eso es necesario definir el espacio de las moléculas. Esto es mucho más complicado que usar las coordenadas cartesianas de los átomos de las moléculas, puesto que habría que añadir una dimensión más para definir la naturaleza de los átomos (hay 92 elementos naturales). Eso hace un espacio de muchas dimensiones que, aunque se reduzca por componentes principales no es humanamente imaginable.

En este campo son muy interesantes los trabajos del Profesor Jean-Louis Reymond (Universidad de Berna) sobre la construcción del espacio de la química y donde trata de contestar a la pregunta ¿cuántas moléculas orgánicas son posibles? Con 17 átomos de C, N, O, S y los cuatro halógenos principales, la respuesta es 166×10^9 [78].¡Hoy día se conocen 9×10^6 compuestos químicos! Otro aspecto remarcable de los trabajos de Reymond es que las moléculas conocidas forman clústers muy pequeños (por ejemplo, alrededor de los productos naturales) quedando enormes zonas vacías.

11. Conclusiones

Pocas cosas hay en común entre las tres personas citadas con sus tres campos (ciencia-ficción, divulgación y ciencia); una de ellas es la muerte. En la última entrevista de Freud en el año 1926 este dice: "Tal vez los dioses sean gentiles con nosotros, tornándonos la vida más desagradable a medida que envejecemos. Por fin, la muerte nos parece menos intolerable que los fardos que cargamos" [79] frase que hemos citado con frecuencia [74,80]. Si cada vez controlamos el dolor, si nuestra buena salud es cada vez más larga y si nuestra esperanza de vida crece sin parar, ya no hay razón para que la muerte nos resulte tolerable.

Casi el único punto de confluencia de las personas que hemos citado está relacionado con la muerte: la muerte programada de la heroína protagonista (Rosa Montero), hay que limitar el número de nacimientos o limitar la duración de la vida (Whitesides), la libre elección de la mortalidad (Harari).

Predecir algo radicalmente nuevo es una contradicción. Si lo predecimos ya no es nuevo. Lo que sí se podía era predecir que algo conocido pero cuya importancia era ignorada se volvería relevante: DFT, fármacos antiguos con aplicaciones nuevas [81], etc.

Podemos clasificar las predicciones con un árbol de decisión:

Si el descubrimiento no guarda relación con lo conocido no se puede predecir. Otra cosa es que sea probable algo fuera del denso tejido de la ciencia actual. Dado lo mal que sabemos predecir propiedades de fármacos y materiales, una sustancia con propiedades sorprendentes sí es posible.

Descubrimientos relacionados con el conocimiento actual son previsibles pero podemos considerar dos casos. Lo extrapolable, es decir, algo que va más allá de lo conocido pero cuyo camino es conocido. Aquí entran todos los procesos de optimización.

Descubrimientos en los que se está trabajando pero que no se sabe si tendrán éxito o no: teoría del todo/nueva física [82]; fusión nuclear; computación cuántica; prolongación de la vida mucho más allá de un siglo; y otras muchas.

El tema principal de este discurso ha sido el de la edad de oro de la ciencia. ¿Ha pasado, estamos viviendo o queda poco para que empiece el declive de la ciencia? Poco quiere decir unos siglos, un milenio, un punto en la curva de la humanidad antes de que se extinga dentro de mil millones de años, cuando el Sol engulla la Tierra. Yo creo que eso será así y que el futuro será un mundo sin grandes problemas científicos por resolver. Algunos lo han llamado el Mundo Polinésico, otros el Paraíso Recobrado, yo prefiero llamarlo el Mundo de los Ingenieros: los fundamentos están definitivamente establecidos pero las aplicaciones son incontables.

A la pregunta del título de esta lección "¿podemos los científicos mejorar el futuro?", la respuesta es sí. No solo podemos, debemos. Este es el sentido profundo de nuestra profesión: mejorar el futuro de la humanidad. Pues «ciencia sin conciencia no es más que ruina del alma» [83]. Los científicos debemos educar a las futuras generaciones para que juzguen el mundo con la serenidad y la honradez de un hombre de ciencia. Pero no solo de pan vive el hombre [84]. Cada uno de nosotros cultivará la parte religiosa o ética para poder luchar contra el mal uso de nuestros inventos. No nos podemos lavar las manos. Sin Einstein, Heisenberg, Oppenheimer y los demás científicos no habría habido Hiroshima y Nagasaki. No es tarea fácil pero es nuestro deber que la ciencia que generamos no sea mal utilizada.

No solo podemos. No solo debemos.

Lo haremos: mejoraremos el futuro de la humanidad.

Como dijo Ludwig van Beethoven "*Muss es sein? Es muss sein! Es muss sein!*" [85]

Es tiempo de concluir. Cuando se alcanza una edad avanzada le vienen a uno textos y poemas que sintonizan con su ánimo:

Ha escrito Josep Plá en "*El Cuaderno Gris*": "*Lo que los observadores y naturalistas presentan como móviles de las acciones humanas —el dinero, la sensualidad, el vientre— son las formas externas de una vanidad más profunda: la ilusión de permanecer (...). Es incontable el número de personas que piensan que no se han de morir nunca, que están absolutamente seguras —en virtud de la seguridad inconsciente, que es la más fuerte— de quedarse para siempre en esta tierra. Casi todo el mundo, quizá todo el mundo*".

Antonio Machado empieza así su retrato: "*Mi infancia son recuerdos de un patio de Sevilla*", y concluye: "*Y cuando llegue el día del último viaje, y esté al partir la nave que nunca ha de tornar, me encontraréis a bordo ligero de equipaje, casi desnudo, como los hijos de la mar*".

Cervantes dedicó su último libro, "*Los trabajos de Persiles y Segismunda*", a Pedro Fernández de Castro, Conde de Lemos y Marqués de Sarriá; en él se puede leer: "*Puesto ya el pie en el estribo, con las ansias de la muerte, gran señor, ésta te escribo*". Cervantes falleció tres días después de dictar esta carta.

Cercanas en los sentimientos, infinitamente alejadas en el estilo, todas ellas nos conmueven.

A los científicos, pavlovianos curiosos, nos gustaría conocer el futuro de la ciencia. Si nos despertáramos dentro de ochenta años, ¿solo sentiríamos leve sorpresa y nos adaptaríamos rápidamente, o bien algo inesperado habrá ocurrido? ¿Una civilización extrasolar? ¿Curación del cáncer y de la enfermedad de Alzheimer? ¿Aplicaciones de la energía oscura?

Quién sabe, quizás alguien en esta casa conteste a estas preguntas en su discurso de ingreso. Gracias.

12. REFERENCIAS Y NOTAS

1.   B. Johnson, D. F. Mosri, Front. Psychol. 2016, 7, 1459.

2.   J. Rallo Romero, F. Martí Felipo, M. A. Jiménez-Arriero, Los sueños de Santiago Ramón y Cajal, Biblioteca Nueva, Madrid, 2014.

3.   Otros autores lo denominan "la omnipotencia de la sugestión: hipnotismo espiritismo y metempsicosis"; en 1936, el Instituto de Higiene Alfonso XIII fue destruido en el asalto a la Ciudad Universitaria y así se perdió el manuscrito.

4.   S. Ramón y Cajal, Rev. Med. Cir. Fac. Madrid 1908, 3, 87. Hay versión accesible en la red.

5.   Virgili Ibarz Serrat de la Universidad Ramon Llull ha publicado un detallado trabajo "La interpretación de los sueños en la obra de Ramón y Cajal", Revista de Historia de la Psicología, 2017, 38, 21–27.

6.   S. Freud, Die Tramdeutung, 1899. Existe versión en castellano: La interpretación de los sueños, Biblioteca Nueva, 4ª Edición, 1981.

7.   Yves Delage fue un zoólogo francés que al quedarse ciego a los 50 años se dedicó a autoanalizarse. Es citado favorablemente por Freud aunque su modelo de los sueños es puramente fisiológico (vibración sincronizada de las neuronas).

8. S. Herculano-Houzel, "*Yves Delage: neuronal assemblies, synchronous oscillations, and hebbian learning in 1919*", The Neuroscientist, 1999, 5, 341–345.

9. S. Ramón y Cajal Junquera, "*Ramón y Cajal, la voluntad de un sabio*", Just in Time S.L., Madrid, 2006, p. 241.

10. S. Ramón y Cajal, "*Las sensaciones de las hormigas*", Rev. Soc. Esp. Hist. Nat. 15 de marzo de 1921, tomo del 50º aniversario. La mayor parte de su labor mirmecológica no fue publicada y se considera perdida. Cajal intentó ir más allá que Maurice Maeterlinck (Premio Nobel de Literatura, 1911) en "*La vie des fourmis*" (1930). En uno de los sueños de Cajal (nº 30) aparece Maeterlinck [2]. Véase también Virgili Ibarz Serrat, "*La psicología de las hormigas en la obra de Ramón y Cajal*", Persona, 2017, 69–81.

11. Hoy es la Escuela Técnica Superior de Ingeniería Civil de la Universidad Politécnica de Madrid, sin nada que recuerde que ese edificio fue el Instituto Cajal.

12. Para los interesados en la relación entre el número áureo y la sucesión de Fibonacci ver las conferencias y libros del profesor de la universidad de Stanford, Keith J. Devlin, y su crítica feroz a la supuesta belleza de la proporción áurea.

13. Nadie duda que uno de los campos donde se pueden producir descubrimientos revolucionarios es en el de la naturaleza de la energía oscura.

14. Galileo Galilei se preguntaba en "*Il Saggiatore*" en qué lenguaje estaba escrita la naturaleza, y decía: "... Egli è scritto in lingua matematica, e i caratteri son triangoli, cerchi, ed altre figure geometriche, ...".

15. Marina Logares, ¿Qué sabemos de? "*Las geometrías y otras revoluciones*". ¿Qué sabemos de?, Nº 97. CSIC-Catarata, 2018. En ese libro, la autora explica que la teoría matemática del fibrado principal no abeliano debida a Elie Cartan precedió las teorías "gauge" de Yang-Mills. Debe de haber teorías matemáticas cuya aplicación a la física aún no ha sido descubierta.

16. "It is indeed a surprising and fortunate fact that nature can be expressed by relatively low-order mathematical functions", Rudolf Carnap.

17. Gunther S. Stent, "*The Coming of the Golden Age: A View of the End of Progress*", Dubleday, 1959. Existe traducción al castellano. El advenimiento de la edad de oro, Seix Barral, Barcelona, 1973.

18. John Horgan, "*The End of Science. Facing the Limits of Knowledge in the Twilight of the Scientific Age*", Addison Wesley, 1996. Existe traducción al castellano: El fin de la ciencia: los límites del conocimiento en el declive de la era científica, Paidos Ibérica, 1998.

19. J. Maddox, *"What Remains to be Discovered. Mapping the Screets of the Universe, the Origins of Life, and the Futu-re of the Human Race"*, Martin Kessler Books, New York, 1998. Existe versión en castellano: Lo que queda por des-cubrir, Debate, Barcelona, 1999.

20. Á. Martín Municio, "... en los que el mayor cambio es el ritmo del cambio mismo." ABC, 5 de enero de 2001.

21. Cuenta la leyenda que hace mucho tiempo reinaba en cierta parte de la India un rey llamado Sheram. En una de las batallas en las que participó su ejército perdió a su hijo, y eso le dejó profundamente consternado. Nada de lo que le ofrecían sus súbditos lograba alegrarle. Un buen día un tal Sissa se presentó en su corte y pidió audiencia. El rey la aceptó y Sissa le presentó un juego que, aseguró, conseguiría divertirle y alegrarle de nuevo: el ajedrez.

    —Soberano —dijo Sissa—, manda que me entreguen un grano de trigo por la primera casilla del tablero del ajedrez.

    —¿Un simple grano de trigo? —contestó admirado el rey.—

    —Sí, soberano. Por la segunda casilla, ordena que me den dos granos; por la tercera, 4; por la cuarta, 8; por la quinta, 16; por la sexta, 32...

    —Basta —le interrumpió irritado el rey—. Recibirás el trigo correspondiente a las 64 casillas del tablero de acuerdo con tu deseo: por cada casilla doble cantidad que por la precedente.

    El rey escuchaba lleno de asombro las palabras del anciano sabio.

    —Dime cuál es esa cifra tan monstruosa —dijo reflexionando.

    —¡Oh, soberano! Dieciocho trillones cuatrocientos cuarenta y seis mil setecientos cuarenta y cuatro billones setenta y tres mil setecientos nueve millones quinientos cincuenta y un mil seiscientos quince.

    Es decir $2^{64} - 1 = 18.446.744.073.709.551.615$.

22. El punto de equivalencia o punto estequiométrico de una reacción química se produce durante una valoración o titulación. Un gráfico de valoración muestra un punto de inflexión en el punto de equivalencia de la curva sigmoide. Su primera derivada tiene un máximo en ese punto.

23. Muchas de las entrevistas tuvieron lugar en el Instituto de Santa Fe (Nuevo México). Para más información sobre el Instituto de Santa Fe, ver P. García Barreno, *"Integración cultural: Transciencia"* (2016) en su página de la RACEFyN.

24. Un *argumentum ad verecundiam*, argumento de autoridad o *magister dixit* es una forma de falacia. Consiste en defender algo como verdadero porque quien es citado en el argumento tiene autoridad en la materia (Wikipedia).

25. J. de Mendoza, "*La honestidad de los investigadores*", Anales de Química, 2018, 114, 212.

26. Particularmente en España. Hay cientos de nombres de científicos en el libro de Maddox, pero solo uno de un español, Cajal.

27. Si el libro sobre el futuro de Maddox ha envejecido en 22 años, ¿cuán rápido envejecerá este discurso?

28. Por la expansión acelerada del Universo recibieron el Premio Nobel de Física 2011 Saul Perlmutter, Brian Schmidt y Adam Riess. Para saber más ver Pilar Ruiz Lapuente: "*La aceleración del universo*", ¿Qué sabemos de?, Nº 102, CSIC-Catarata, 2019.

29. Por anisotropía de la radiación cósmica de microondas recibieron el Premio Nobel de Física 2006 George F. Smoot y John C. Mather.

30. Por demostrar que los neutrinos tienen masa recibieron el Premio Nobel de Física 2015 Takaaki Kajita y Arthur B. McDonald.

31. La idea de los ordenadores cuánticos data de los 80, cuando Richard Feynman y Yuri Manin, independientemente, discutieron esa posibilidad.

32. Alfred N. Whitehead, "It must be remembered that the phrase actual world is like yesterday and tomorrow, in that it alters its meaning according to the standpoint", "*Process and Reality, An Essay in Cosmology*", The Free Press, New York, 1978; Macmillan Publishing Co. Inc. 1929.

33. M. J. McGrath, J. I. Siepmann, I.-F. W. Kuo, C. J. Mundy, J. Vande Vondele, J. Hutter, F. Mohamed, M. Krack, "Simulating fluid-phase equilibria of water from first-principles", J. Phys. Chem. A, 2006, 110, 640.

34. Más bien con peldaños discretos como en el juego de las torres de Hanói

35. Para una magnífica exposición sobre las grandes leyes, véase C. A. Pickover, "*Archimedes to Hawking*", Oxford University Press, 2008.

36. Félix Serratosa, uno de los mejores químicos que España ha tenido, escribe: "Cuanto más el hombre avanza en el campo de la ciencia, más se da cuenta cuan lejos está de la meta". Ignoratica, en "*The Scientist Speculates: An Anthology of Partly-Baked Ideas*", Ed. I. J. Good, Heinemann, 1962.

37. Feynmann dice eso en 1988 poco antes de fallecer. Naturalmente eso debió influir en sus opiniones, véase Horgan [18].

38. ¿Hay seres inteligentes demasiado lejos? Horizonte cosmológico, horizonte de partículas, horizonte de sucesos, horizonte de la luz en el universo observable. Edad y diámetro del universo 15.000 millones de años luz. Extinción de la especie humana por expansión del Sol = 1.000 a 10.000 millones años. Más allá el Universo acabará como la esfera perfectamente lisa de un gran agujero negro en el apoteósico triunfo del segundo principio.

39. Cono de luz: "todos los demás eventos que se encuentran en "cualquier otro sitio", más allá de los conos de E (un evento cualquiera), y que nunca afectarán ni podrán ser afectados causalmente por lo que suceda en E". Horizonte de sucesos: "una hipersuperficie frontera del espacio tiempo, tal que los eventos a un lado de ella no pueden afectar a un observador situado al otro lado".

40. "Hemos de considerar el estado actual del universo como el efecto de su estado anterior y como la causa del que ha de seguirle. Una inteligencia que un momento determinado conociera todas las fuerzas que animan la naturaleza, así como la situación respectiva de los seres que la componen, si además fuera lo suficientemente amplia como para someter a análisis tales datos, podría abarcar en una sola fórmula los movimientos de los cuerpos más grandes del universo y los del átomo más ligero; nada le resultaría incierto y tanto el futuro como el pasado estarían presentes ante sus ojos", Pierre-Simon Laplace, 1814.

41. N. N. Taleb, "*The Black Swan: The Impact of the Highly Improbable, Random House*", New York, 2010. Existe versión en castellano: El cisne negro: El impacto de lo altamente improbable, Paidós Ibérica, Barcelona, 2011.

42. K. Popper, "*Logic of Scientific Discovery*", 1959 (Routledge, London and New York, 1999). Existe versión en castellano: La lógica de la investigación científica, Tecnos, Madrid, 2008.

43. La metáfora del cisne negro es mucho más antigua, hay una cita de Juvenal "*rara avis in terris nigroque simillima cygno*" (82 AD).

44. N. N. Taleb, "*Anti-Fragile: Things that Gain from Disorder*", Penguin Books, 2012. Existe versión en castellano: Antifrágil: Las cosas que se benefician del desorden, Paidós Transiciones, Barcelona, 2013.

45. Un libro más reciente del mismo autor, "*Skin in the Game: Hidden Asymmetries in Daily Life*", Penguin Books, 2018 (Existe versión en castellano, Jugarse la piel: Asimetrías ocultas en la vida cotidiana, Contextos, 2019) no aporta nada en este contexto.

46. He aquí una de las muchas listas de los descubrimientos clasificados como "serendípicos": descubrimiento de América (Colón, 1492); descubrimiento del oxígeno (Priestly, 1774); descubrimiento de la corriente eléctrica (Galvani, 1786); síntesis de la urea (Wohler, 1828); invención de la fotografía (Daguerre, 1835); vulcanización del caucho (Goodyear, 1844); sacarina (Fahlberg, 1885); papel del páncreas en la diabetes (von Meering y Minkows-ki); nylon (Carothers, 1937); ciclamatos (Sveda, 1937); teflon (Plunkett, 1938), aspartamo (Schlatter, 1965); minoxidil (Zappacosta y Fiedler-Weiss, 1980).

47. S. A. Alharbi, M. Wainwright, T. A. Alahmadi, H. B. Salleeh, A. A. Faden, A. Chinnathambi, "What if Fleming had not discovered penicillin?", Saudi J. Biol. Sci. 2014, 21, 289.

48. En 1962, Lesher y col. (Sterling-Winthrop Research Institute, New York) descubrieron, durante la síntesis de compuestos contra la malaria análogos a la cloroquina, un derivado con actividad antibacteriana: el ácido nalidíxico (G. Y. Lesher, E. J. Froelich, M. D. Gruett, J. H. Bailey, P. Brundage, J. Med. Chem. 1962, 5, 1063). Esta nueva molécula, aprobada para uso clínico en 1965, era adecuada para el tratamiento de infecciones entéricas y del tracto urinario causadas por bacterias gram negativas. Ha dado lugar a toda la series de las quinolonas y, más tarde, fluoroquinolonas antibacterianas como la ciprofloxacina: Como curiosidad Sterling-Winthrop fue adquirido por Bayer en 1994.

49. E. Lax, The Mold in Dr. Florey's Coat. "*The Story of the Penicillin Miracle*", Henry Holt, New York, 2005.

50. A. Gratia, S. Dath, "Propriété bactériolytiques de certaines moisissures", Compt. Rend. Soc. Biol. 1924, 91, 1442.

51. André Gratia (1893-1950) fue alumno del también belga Jules Bordet (Premio Nobel en Fisiología o Medicina 1919). En 1946 Fleming escribió: "I cannot refrain from mentioning one other Belgian bacteriologist my good friend Andre Gratia, and I mention him for the special reason that, but for circumstance, he might well have been the discoverer of Penicillin. In 1926 he noticed that a mould apparently destroy and dissolve certain bacteria... The mould which he had might have been *Penicillium notatum* and the active substance might have been penicillin but as the culture was not preserved we shall never know".

52. "It is a capital mistake to theorize before one has data. Insensibly one begins to twist facts to suit theories, instead of theories to suit facts", A Scandal in Bohemia.

53. R. Montero, *"Lágrimas en la lluvia"*, Editorial Planeta, Barcelona, 2011.

54. R. Montero, *"El peso del corazón"*, Editorial Planeta, Barcelona, 2015.

55. R. Montero, *"Los tiempos del odio"*, Editorial Planeta, Barcelona, 2018.

56. Y. N. Harari, *"Homo Deus: A Brief History of Tomorrow"*, Random House, UK, 2016. Existe traducción al castellano. Homo Deus: Breve historia del mañana, Debate, Barcelona, 2016.

57. I. Hargittai, *"The Road to Stockholm"*. Nobel Prizes, Science, and Scientists, Oxford Univer-sity Press, 2002.

58. L. Pauling, The Nature of the Chemical Bond and the Structure of Molecules and Crystals, Cornell University Press, 1939,

59. La espectroscopía β-NMR aumenta enormemente la sensibilidad. En un espectrómetro convencional son necesarios >1016 núcleos en la sonda, mientras que en β-NMR bastan con 107. D. Szunyogh, R. M. L. McFadden, ..., L. Hemmingsen, M. Stachura, Dalton Trans. 2018, 47, 14431–14435.

60. Muon-NMR o muon-Spin relaxation o μSR Spin spectroscopy. L. Tesi, Z. Salman, I. Cima-tti, F. Pointillart, K. Bernot, M. Mannini, R. Sessoli. Chem. Commun. 2018, 54, 7826–7829.

61. Mario Bunge en su ensayo *"Is Chemistry a Branch of Physics?"* (Z. All. Wissen. 1982, 13, 14) concluye "In short, quantum chemistry is based on quantum physics but is not a part of it." y "Nor is chemistry an autono-mous science: it is based on physics. However, chemistry in turn feeds physics a number of data, ideas, and problems. So, physics and chemistry are interdependent."

62. Mujeres en (con)ciencia, Eds. M. M. García Lozano, H. Guzmán, M. D. Martos Pérez, A. Zamorano, UNED, Colección Literatura y mujer, M. Amela *"La androide Bruna Husky de Rosa Montero"*, Edición digital, febrero de 2018.

63. Mario Bunge, *"Técnica y producción"*, El País, 18 de junio de 1982.

64. David Roden, *"Superhuman life: philosophy at the edge of the human"*, Routledge, London, 2015.

65. Bill Joy, *"Why the future doesn't need us"*, Wired 2000, Issue 8.04.

66. Steven Shapin, "The superhuman upgrade", London Review of Books, 13 July 2017.

67. George M. Whitesides, What will chemistry do in the next twenty years? Angewandte Chemie International Edition, 1994, 29, 1209–1218.

68. George M. Whitesides, Assumptions: taking chemistry in new directions, Angewandte Chemie International Edition 2004, 43, 3632–3641.

69. George M. Whitesides, Curiosity and science, Angewandte Chemie International Edition 2018, 57, 4126–4129.

70. Nosotros publicamos un trabajo titulado "Procesos químicos y reacciones en condiciones extremas o no clásicas" en Política Científica 1991, 28, 37–39.

71. Kary Mullis (1944-2019), Premio Nobel de Química, 1993.

72. Ahmed Zewail (1946-2016), Premio Nobel de Química, 1999. Véase Jesús Santamaría "Evolución de ideas en torno a la reacción química", discurso leído en el acto de su recepción como académico de número (29 de enero de 2003).

73. Roald Hoffmann, "On the philosophy, art, and science of chemistry", Oxford University Press, Oxford, 2012.

74. José Elguero, "Investigación, ciencia y el Barón de Grotthus", Revista Academia Canaria de Ciencias, 2006, 18, 169–192.

75. José Elguero, "Hombres de ciencia y creadores: eso somos los químicos", Anales de Química, 2017, 113, 218–223.

76. José Elguero, Discurso de investidura de Doctor "Honoris Causa", Universidad de Castilla-La Mancha, 12 de noviembre de 1999.

77. José Elguero, Discurso de investidura de Doctor "Honoris Causa", Universidad Nacional de Educación a Distancia, 31 de enero de 2019.

78. Jean-Louis Reymond, Accounts of Chemical Research, 2015, 48, 722–730.

79. Georges S. Vierek, "An Interview with Freud" (1926), "Perhaps the gods are kind to us by making life more disagreeable as we grow older. In the end, death seems less intolerable than the manifold burdens we carry".

80. José Elguero, "Metodología de la investigación: los ejemplos de Freud y Cajal", RACE-FyN, 24 de mayo de 2004.

81. P. Pantziarka, D. Weatherall, N. Mirza, "New uses for old drugs", BMJ 2018, 361, k2701. J. Gogos, "New uses for old medications", Scientific American, 2018, July 27.

82. Alberto Casas, El LHC y la frontera de la física, ¿Qué sabemos de? CSIC-Catarata, Nº 100 (2019).

83. "Science sans conscience n'est que ruine de l'âme", F. Rabelais, Carta de Gargantúa a su hijo Pantagruel.

84. Mateo 4:4 y Lucas 4:4.

85. "¿Debe ser? ¡Será! ¡Será!", cuarteto de cuerdas nº 16 en Fa mayor opus 135, 4º movimiento.

«Ciencia básica y Ciencia aplicada»
Anales de Química, 2021

Ciencia básica y ciencia aplicada

En estos tiempos de zozobra he recibido de mi buen amigo e insigne facultativo, el profesor Pedro García Barreno, una serie de pequeñas "meditaciones" en torno al COVID-19. En una de las últimas, incluye el siguiente comentario:

En septiembre de 1992, George Brown, Congresista, demócrata, por California escribió un artículo en Los Angeles T-mes cuyo título era "*It's down to the last blank check. We've paid for 45 years of discovery; let's start requiring its application to the critical problems in the civilian sector*".[1]

Creo que hay un malentendido entre los científicos y la administración (autonómica, nacional, europea, empresarial...).

Innumerables líneas de investigación básica avanzan del pasado al presente con la intención de continuar hacia el futuro. Cuando los proveedores de fondos preguntan a los investigadores por sus efectos económicos (generación de empleo, disminución de las regalías, mejorías para los ciudadanos...), estos contestan con ejemplos del pasado. Es muy conocido que investigación básica *per se* dio un salto vertical a la aplicada, algunas veces con éxito, otras no, de cuyos resultados toda la humanidad se ha beneficiado.

Si ¿pero hoy? ¿lo que están haciendo hoy, para que servirá? Ah, es que los trabajos de ciencia básica tardan a veces años en dar frutos. Hasta aquí, todo bien sabido por los lectores de Anales de Química.

El malentendido se debe a que los científicos no explican claramente que la inmensa mayoría de la ciencia básica que hacemos hoy, hicimos ayer y haremos mañana no tuvo, tiene ni tendrá ninguna aplicación práctica.

Cuando se financia la investigación básica se hace una apuesta muy arriesgada, muy poco probable, que consiste en que el dinero que investimos dará fruto algún día.

Si tenemos que cercenar algunas líneas de investigación básica ¿que criterios debemos seguir? Cito otra parte del artículo de George Brown:

> *Society needs to negotiate a new contract with the scientific community. [...] A new contract will measure the value of research and innovation not by number of publications or citations or patents, but by progress toward these specific goals. A new contract will focus not just on research at the frontiers of knowledge, but on the utilization of existing knowledge.*

Basta con leer los proyectos de investigación o las introducciones a las publicaciones más prestigiosas para saber que muy pocas veces se dice que esos resultados probablemente solo servirán para el muy noble propósito de aumentar el conocimiento.

Los directores de revistas científicas, los presidentes de sociedades científicas, deberían ser conscientes de ello ayudando así a que el contrato investigadores-sociedad se establezca sobre bases honestas.

«Algunas reflexiones sobre el futuro de la química computacional»
Anales de Química, 2021

Algunas reflexiones sobre el futuro de la química computacional

Hace unos días, durante la reunión virtual del Grupo de Química y Computación de la RSEQ, pronuncié una charla titulada «Cara y cruz de la química computacional»; al final de ella, Fernando Cossío, más por amistad que por otra cosa, sugirió que se podría publicar en Anales si los censores lo consideran oportuno. Es evidente que no se trata de poner una tras otra las imágenes acompañadas de unos pequeños textos, así que esto es un intento de metaconferencia.

Para empezar y contrariamente a otras disciplinas de la química con nombres bien definidos reflejados en sus principales revistas, como es el caso, por ejemplo, de la química orgánica *(J. Org. Chem., Eur. J. Org. Chem., Org. Lett., Org. Biomol. Chem., Beilstein J. Org. Chem.)* o la inorgánica *(Inorg. Chem., Inorg. Chim. Acta, Eur. J. Inorg. Chem.)* esta rama de la química tiene tres nombres: química computacional *(J. Comput. Chem.)*, química teórica *(Theor. Chem. Acc.)* y química cuántica *(Int. J. Quantum. Chem.)*, que se usan indistintamente, al menos cuando uno elige donde publicar, pero que son diferentes (¿qué tiene de cuántica la dinámica molecular en sí misma o parte del premio Nobel a Martin Karplus aparte del uso de parámetros para los campos de fuerza basados en cálculos cuánticos?). Incluso los hay híbridos *(Comput. Theor. Chem., J. Chem. Theor. Comput.)* lo cual demuestra que son términos diferentes: cuántica es el más pequeño y definido, teórica es mayor y casi se confunde con el siguiente (¿cómo hacer teoría sin un ordenador?) y computacional es el mayor (Figura 1). Así que el nombre del Grupo está bien elegido. La conferencia empezaba con un poco de historia, como no podría ser de otra manera dada la edad del conferenciante. Recordaba que en los veinte años que trabajé en Montpellier no hubo ningún químico teórico ni en la Universidad, ni en la Escuela Superior de Ingenieros Químicos, ni en el CNRS, problema que no se resolvió hasta la llegada de Odile Eisenstein en 1996.

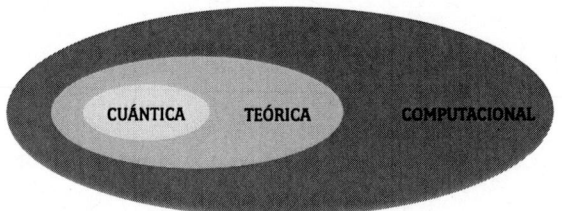

Figura 1. Los tres nombres de unas disciplinas relacionadas.

En el curso de mi tesis (1961) se planteó el problema de la tautomería anular de los pirazoles, problema que pronto se extendió a todos los azoles, dando lugar a una publicación de 1969.

Tetrahedron Letters No.6, pp. 495-498, 1969. Pergamon Press. Printed in Great Britain.

RECHERCHES DANS LA SERIE DES AZOLES.

XLIII. ETUDE PAR RMN DE LA TAUTOMERIE DES AZOLES.

M.L. Roumestant, P. Viallefont, J. Elguero et R. Jacquier

(Service Chimie PG 1, Faculté des Sciences, Place Eugène Bataillon, 34-Montpellier)

avec la collaboration technique d'E. Arnal (E.N.S.C., 8, rue de l'Ecole Normale, Montpellier).

(Received in France 28 December 1968; received in UK for publication 2 January 1969)

Figura 2. La publicación, ¡en francés! de Tetrahedron Letters.

En el célebre libro de 1939, *"The Nature of the Chemical Bond"*,[1] Linus Pauling ya discute la tautomería de los pirazoles que, con los imidazoles y los bencimidazoles, pertenecen al grupo de la tautomería degenerada o autótropa (ambos tautómeros son idénticos salvo si llevan un sustituyente en la posición adecuada; en el caso de Pauling, el 3(5)-metil-1*H*-pirazol).

La comprensión de la tautomería anular de los azoles no se podía alcanzar sin cálculos teóricos o, mejor dicho, las explicaciones cualitativas existentes en la literatura dejaban mucho que desear. A mi director de tesis, Robert Jacquier, se le ocurrió contactar con uno de los mejores teóricos franceses, André Julg, que era profesor en la Universidad de Marsella, ciudad situada a 170 km de Montpellier. André Julg salía de la École Normale Supérieure de Paris, un centro con enorme prestigio (13 premios Nobel, 10 medallas Field), a mi entender irrepetible. Fue alumno de Louis de Broglie y mantuvo relaciones con Paul Dirac durante su tesis dirigida por Gaston Berthier a su vez alumno del matrimonio Pullman, Bernard y Alberte. Julg introdujo el método LCAO-SCF y lo aplicó con éxito a los hidrocarburos aromáticos no clásicos, pentaleno, fulveno y azuleno. Explorando sistemas aromáticos originales pasó del benceno al furano (clasificado como aromático por Robinson en 1925). Del furano al pirrol solo hay un paso y del pirrol al pirazol solo otro más.

Cuando Jacquier contactó con Julg este le indicó que la persona adecuada era Louis Pujol con quien había publicado el trabajo del furano.[2] Así es que fui a Marsella a ver a Pujol, del que luego comentaré algo. Este investigador, junto con su alumno Michel Roche, publicó entre 1969 y 1971 tres trabajos que fueron esenciales para nuestra comprensión de la tautomería de los azoles.

Unas palabras sobre Louis Pujol. Tuvo dos prestigiosos alumnos: Guy Pouzard (fallecido en 2020 fue Rector de la Universidad de Aix-Marsella) y Paul Tordo. Un día de 1959, André Julg paseaba por las colinas que rodean Marsella del otro lado del mar. Allí encontró a un pastorcillo con sus ovejas. Se dio cuenta de que, a pesar de no saber leer ni escribir, poseía una viva inteligencia. Así es que convenció a sus padres para que lo dejasen ir al colegio y que él se haría cargo de todos los gastos. El resultado fue espectacular. Pastor analfabeto a los 14 años, doctor en ciencias a los 21 (Tesis, Marsella, 1966). Un día abandonó la investigación porque, me dijo, no iba a alcanzar las metas que se había propuesto. Un exceso de autocrítica puede ser fatal.

Se cuenta de que Napoleón decía que sus soldados llevaban un bastón de mariscal en sus mochilas; los estudiantes de tesis deben llevar un premio Nobel en sus ordenadores. Si no, qué sentido tiene iniciar una carrera de científico. Pero si al cabo de algunos años después de acabar la tesis, digamos diez, ven que no van a alcanzar el premio Nobel, eso no les debe desanimar: ¡aún queda mucho sitio!

Yo, que desde entonces he conocido a tanta gente (he publicado con más de 2.000 coautores diferentes), no he vuelto a conocer a alguien como Louis.

Después de Louis he colaborado con muchos químicos teóricos, que inicialmente han tenido la generosidad de interesarse por nuestros problemas y posteriormente de establecer una colaboración duradera. He aquí algunos de ellos (las cifras no se deben sumar porque en muchos trabajos coinciden algunos). He puesto a Joan Bertrán el último para llamar la atención del respeto que le tengo.

Paso ahora a señalar las cruces y las caras de la química teórica (QT). Primero las cruces.

Demasiado barata. Puede parecer una broma, pero no lo es. He oído decir que cuanto más bajo es el PIB de un país mayor es la proporción de química teórica con relación a las químicas experimentales. Muy aproximadamente en España los proyectos de investigación de tres años son financiados por persona con 100.000 € en el ámbito de la biomedicina, con 40.000 € en química orgánica y con 20.000 € en química teórica.

La frugalidad de la QT ha llevado a muchos países, modestos científicamente, a tener una actividad en química teórica, medida en publicaciones, considerable. Algunas son repeticiones de trabajos anteriores calculados a mejor nivel. En todo caso, no es bueno para la imagen de la disciplina.

Obliteración. Un trabajo teórico, cuando es repetido a nivel superior, deja de ser citado. Ya nadie cita los trabajos de Pujol. Los azoles han sido calculados muchas veces, cada vez a nivel más elevado. Para ser citados no basta ser los primeros ni que cualitativamente los resultados sean correctos. Hay que aportar algo más, aunque no sea muy original: efectos de disolvente específicos, estados excitados, nuevas metodologías... A continuación, algunos datos relevantes:

Tabla 1: Desaparición paulatina de la citabilidad de la publicación teórica original sobre los azoles.

Año	Nivel de teoría	Comentarios
1970	LCAO-SCF	Roche & Pujol
1984	INDO, STO-3G	Citan a Pujol
1986	6-31G*/6-31G	No citan a Pujol
1998	6-31G*	No citan a Pujol
2006	MP2/6-311++G(d,p)	No citan a Pujol
2010	M06-2X/6-311++G(d,p)	No citan a Pujol
2013	MP2/6-311++G(d,p)	No citan a Pujol
2020	DZVP-MOLOPT-SR-GTH	No citan a Pujol

Quitando la publicación de 1984, que es nuestra, [3] muchos trabajos han estudiado el mismo problema olvidando que fueron Pujol y Roche los primeros en investigarlo.

Ahora una característica de la QT que es en parte cara y en parte cruz.

El peligro de la predicción. A los sintéticos no les gustará hacer la química que los teóricos hayan predicho. Hoy día ya es frecuente que no citen, como trabajo previo, una predicción teórica. Imagínense que Castells y Serratosa, en vez de estudiar y publicar el $C_{60}H_{60}$ (el perhidrofullereno) en 1983, hubiesen dicho que el C_{60} debía ser estable y (con la ayuda de Santiago Olivella, por ejemplo) hubiesen calculado sus espectros que, probablemente, hubiesen coincidido con los medidos por Kroto, Curl y Smalley en 1985, lo que les valió el premio Nobel en 1996 (Figura 3). No es lo mismo encontrar una cosa buceando en lo desconocido que sintetizar una cosa predicha *ab initio* para verificar si se cumplen las predicciones. Como ha escrito el gran Aleksander Isaakovich Kitaigorodskii «*A first-rate theory predicts; a second-rate theory forbids and a third-rate theory explains after the facts*».[5]

Goal!
An Exercise in IUPAC Nomenclature

The power and the usefulness of the method recently described in THIS JOURNAL (52, 126(1982)) to assign correct IUPAC systematic names to polyhedranes has been tested once again taking as the target molecule a highly interesting polyhedrane, the trivial name of which could be *footballane* or, alternatively, *soccerane*.

Footballane is a dotriacontahedrane, CHeo, with 90 carbon-carbon bonds and 32 faces (12 regular pentagons + 20 regular hexagons) and may be regarded as an "expanded dodecahedrane" especially suited to accommodate ions or ators inside of its huge cavity.

Footballane is, in fact, one of the "hollow polyhedrals" that Leonardo da Vinci drew, as early as 1509, for the book "Divina proportione" by Luca Pacioli (Town and University Library of Geneva).

The structure of footballane, the corresponding Schlegel diagram, and the LUAC systematic name are given below:

 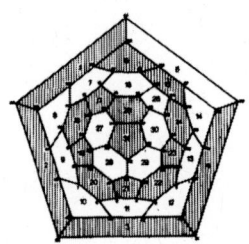

Hentriacontacycio [29.29.0.0$^{2.47}$.0$^{3.45}$.0$^{4.29}$.0$^{5.27}$.0$^{6.44}$.0$^{7.42}$.0$^{8.26}$.0$^{9.24}$.0$^{10.41}$.0^{11,39}.0^{12,23}.0$^{13.37}$ .0$^{14.22}$.0$^{15.35}$.0$^{16.33}$.0$^{17.21}$.0$^{18.31}$.0^{19,28}.0^{20,25}.0$^{32.60}$.0$^{34.58}$.0$^{36.56}$.0$^{38.55}$.0$^{40.53}$.0$^{43.52}$.0$^{46.51}$.0^{48,59}.0$^{49.57}$ .0^{50,54}] hexacontane

Since the synthesis of dodecahedrane has been recently accomplished by Paquette and his coworkers at Ohio State University (J. Amer. Chem. Soc., 104, 4503(1982)), the synthesis of footballane appears as the next "goal." Good luck!

Josep Castells and Felix Serratosa
University of Barcelona
Barcelona-28. Spain

Figura 3. La publicación de Castells y Serratosa sobre el C$_{60}$H$_{60}$.[4]

A esta definición hay que añadir una dimensión más: la dificultad intrínseca del problema (Figura 4). Cuanto más complejo es el problema más tarde llegarán las teorías que predicen.

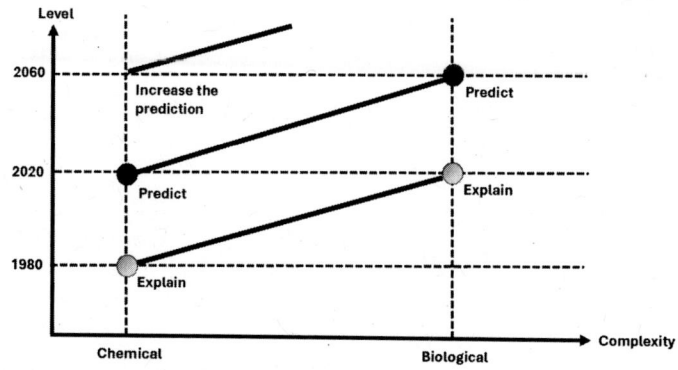

Figura 4. La complejidad del problema influye en el carácter predictivo de una teoría.

Finalmente, paso a comentar la que, en mi opinión, es la cara más interesante en favor de la química teórico-computacional. Es un razonamiento un tanto largo, pero les invito a que lo recorran conmigo a través de una serie de preguntas y respuestas.

La química computacional y el final de la ciencia. Vamos a empezar preguntándonos cuántas moléculas sintetizarán los humanos antes de extinguirse. Los números no hay que tomárselos demasiado en serio. Son como los relativos a la conocida pregunta de si hay en el universo otras civilizaciones inteligentes. Son tantas las aproximaciones que cuando se multiplican el resultado es totalmente incierto. Multiplicar un número gigantesco por uno infinitesimal da cualquier resultado. La famosa ecuación de Drake[6] da, o bien menos de una, o bien un millón de civilizaciones inteligentes.

Primera pregunta: ¿cuánto tiempo falta para que se extingan los humanos?

Respuesta: el sol se convertirá en una gigante roja en 5.000 millones de años, es decir, $5x10^3 \, x10^6 = 5x10^9$ años. Como un año tiene $3.2x10^7$ segundos $\approx 2x10^7$ segundos, el Sol se convertirá en una gigante roja en aproximadamente 10^{17} segundos.

Segunda pregunta: ¿cuánto tiempo falta para que se desaparezca el Universo?

Respuesta: entre 10^{14} y 10^{32} años. Es decir, según el razonamiento anterior, entre 10^{21} y 10^{39} segundos.

Tercera pregunta: ¿cuántas moléculas hay ahora?

Respuesta: ahora hay algo menos de 200 millones = $2x10^8$.

Cuarta pregunta (múltiple): ¿Cuántas moléculas podrán sintetizar los humanos? ¿A qué velocidad las pueden preparar?

Respuesta: supongamos, como hipótesis atrevida, que todos los humanos pueden sintetizar unas 10^3 moléculas por segundo. En ese caso, podemos combinar los siguientes cálculos:

a. El Sol engulle a la Tierra (s) x moléculas s^{-1} = 10^{20} moléculas
b. El Universo se extingue (s) x moléculas s^{-1} = entre 10^{24} y 10^{42} moléculas, en promedio 10^{41}.

Por tanto, entre cuando ya no queden humanos y cuan-do ya no quede nada (sopa isótropa) se habrán preparado entre 10^{20} y 10^{41} moléculas.

Quinta pregunta (múltiple): ¿cuántas moléculas quedarán por descubrir? ¿Hay un número finito o infinito de moléculas posibles? ¿Es el infinito únicamente un concepto matemático?

Respuesta: Se han sintetizado moléculas enormes tales como el genoma de una bacteria con unos 600.000 pares de bases (enlaces P-O). También se ha secuenciado una molécula de 2,3 $x10^6$ bases. La cuestión de si *hay un número finito o infinito de moléculas posibles* tiene una respuesta trivial: dado que el número de partículas elementales es finito (unas 10^{80}) no se pueden preparar un número infinito de moléculas. En una publicación de 2006 nosotros razonamos así.[7] Copio la introducción:

"A simple comparison between a C_nH_{2n+2} alkane and its superior homologue $C_{(n+1)}H_{2(n+1)+2}$ allows to reach the following conclusions: the stability of, for instance, the central C-C bond cannot be identical for both molecules because only identical molecules have identical properties. It can increase monotonously, even by a minute amount, but this can be excluded a priori because it will lead to the absurd situation of an infinitely stable C-C bond. It can decrease and with a number n sufficiently big, the bond would be no longer stable and the unquestioned paradigm would prove wrong. The possibility of an alternation, say even/odd, so common

in chemistry has no consequences for the problem since it corresponds to compare C_nH_{2n+2} with $C_{(n+2)}H_{2(n+2)+2}$."

En última instancia este razonamiento es una falacia, pues queda una tercera posibilidad que es la conclusión a la que llegamos y que recuerda la paradoja de Zenón de Aquiles y la tortuga: «cuando el número de carbonos aumenta, la energía de disociación del enlace CC central tiende asintóticamente a un valor constante» (es fácil de comprender: el enlace CC central de un alcano de un millón de átomos de carbono no se va a ver modificado por añadir un CH_3 al final de la cadena). Llamémoslo oscilación amortiguada.

Por tanto, como conclusión podemos afirmar: «hay un número infinito de moléculas teóricamente posibles, cuya síntesis efectiva solo está limitada por la cantidad de materia disponible».

Antes de concluir esta parte, vale la pena recordar los trabajos del químico suizo Jean-Louis Reymond (Universidad de Berna).[8] Este autor se ha preguntado cómo están distribuidas las moléculas (limitadas a 17 átomos de C, N, O, S y los halógenos) en el espacio de muchas dimensiones que las caracterizan. Con ese «minúsculo» subconjunto, ha generado 2×10^{11} moléculas (200 billones americanos). Un análisis en componentes principales para reducirlas a dos dimensiones muestra la distribución muy desigual de las moléculas, agrupadas en «clusters» y con enormes zonas vacías que reflejan más la historia de la química que una exploración racional.

Recordemos que el número de moléculas que podemos preparar antes de desaparecer está comprendido entre 10^{20} y 10^{42}, números gigantescos si se comparan con las conocidas (10^8) y con las del conjunto de Reymond (10^{11}). Un hidrocarburo de talla relativamente modesta, $C_{167}H_{336}$ tiene más de 10^{80} isómeros. Relativamente modesta porque se han sintetizado el $C_{384}H_{770}$ (lineal) y el $C_{288}H_{576}$ (anillo). Con 15 hexágonos se pueden construir 74.107.910 bencenos condensados. Cuesta imaginarse las consecuencias de la explosión combinatoria.

Contar isómeros no es tarea de químicos teóricos sino de matemáticos o de químicos matemáticos, que tienen en *Match* una de sus principales revistas. El gran referente en este campo es George Pólya, un matemático húngaro,[9] aunque contribuciones muy importantes son debidas a Alexandru T. Balaban.[10]

En este escenario tan general, podemos concluir que es tarea de los químicos teóricos predecir las propiedades de las moléculas desconocidas, de tal manera que se sinteticen aquellas que tengan las propiedades deseadas, de modo que el factor limitante no será la capacidad de síntesis (mil por segundo) sino la capacidad de cálculo (¿millones por segundo?).

Como ya hemos comentado en la Figura 6 la capacidad de predicción es extremadamente variable. Pero tenemos millones de años por delante, salvo, claro, que cometamos un terrible error.

Lo que les pido no es nada fuera de lugar. Llevamos mucho tiempo haciendo predicciones, por ejemplo, usando modelos extratermodinámicos (Hammett, Taft, Kamlet, Abboud, Elguero...)[11] que son a la química cuántica lo que el Calendario Zaragozano es al superordenador Cirrus de la AEMET.

Aquí vale recordar la frase de Manfred Eigen (NP, 1967):

«*A theory has only the alternative of being right or wrong. A model has a third possibility: it may be right, but irrelevant*».[12] Para concluir, y medio en broma, propongo diez mandamientos, voluntariamente incompletos para que cada uno los rellene según sus convicciones:

1. Darás preferencia a los trabajos metodológicos.
2. Tratarás de incorporarte a los colectivos que generan software.
3. Ayudarás a los químicos experimentales a que formulen sus preguntas correctamente.
4. Evitarás caer en la facilidad.
5. No confundirás trabajar mucho con pensar mucho.
6. Leerás las publicaciones de los mejores autores evitando caer en su imitación.
7. Evitarás estar ultra-especializado, ya que la ciencia se genera en las interfases.
8. ....
9. ....
10. ....

Agradecimientos

A todos los miembros del Grupo de Química y Computación y en particular a su Presidente Ignacio Tuñón, a su Secretario Gonzalo Jiménez Osés y a su Tesorera Inés Corral por su amabilidad y apoyo. A Fernando Cossío por haber transformado un texto preliminar en algo correcto, se ve que saber euskera ayuda a escribir buen español.

Bibliografía

[1] L. Pauling, *"The Nature of the Chemical Bond and the Structure of Molecules and Crystals"*, Cornell University Press, 1939.

[2] L. Pujol y A. Julg, *Theor. Chim. Acta*, **1964**, *2*, 125-133.

[3] J. Catalán, J. L. G. de Paz y J. Elguero, *Chem. Scripta*, **1984**, *24*, 84-91.

[4] J. Castells y F. Serratosa, *J. Chem. Educ.*, **1983**, *60*, 941.

[5] Para la vida de A. I. Kitaigorodskii ver I. Hargiitai, *"Buried Glory, Portraits of Soviet Scientists"*, Oxford University Press, Oxford, 2013.

[6] Ecuación debida a F. Drake, Instituto SETI

[7] I. Alkorta y J. Elguero, *Chem. Phys. Lett.*, **2006**, *425*, 221-224.

[8] J.-L. Reymond, *Acc. Chem. Res.*, **2015**, *48*, 722-730.

[9] G. Pólya y R. C. Reed, *"Combinatorial Enumeration of Groups, Graphs, and Chemical Compounds"*, Springer-Verlag, Nueva York, 1987.

[10] A. T. Balaban, J. W. Kennedy y L. V. Quintas, *J. Chem. Educ.*, **1988**, *65*, 304-313.

[11] L. P. Hammett, *"Physical Organic Chemistry"*, McGraw-Hill, Nueva York, 1970.

[12] M. Eigen en J. Mehra, *"The Physicist's Conception of Nature"*, Reidel, Dordrech, 1973.

«Discurso en el 50 aniversario del Instituto de Química Médica del CSIC»
Anales de Química, 2024

Tenía nuestro Instituto seis años ...

Después de 25 años en Francia, en el CNRS, volví a España el 1 de enero de 1980. Tenía nuestro Instituto seis años. Unos meses antes, mi amigo y compañero de curso José María Fernández Navarro, que trabajaba en el Instituto de Cerámica y Vidrio, me escribió que había salido una plaza de acceso directo a Investigador (un nivel intermedio entre científico titular y profesor de investigación, hoy desaparecido) en el Instituto de Química Orgánica General. Así es que escribí a su director, Francisco Fariña. Me contestó que esa plaza se había pedido para Conrado Pascual, que debía regresar de la Autónoma al CSIC. Le escribí diciéndole que lo entendía y que no me presentaría.

Resultaba que la correspondencia de Fariña la llevaba Natividad Palacios, la secretaria personal de Manuel Lora Tamayo, que por aquel entonces apenas visitaba el IQOG. Nati, por su cuenta, me escribió que había una plaza similar en el Instituto de Química Médica. Así es que escribí a su director, Ramón Madroñero, que amablemente me dijo que no tenía ningún inconveniente a que me presentara a la plaza.

Durante meses, ayudado por Carlos Corral, Profesor de Investigación, marido de Nati, preparé las oposiciones. Tenía yo 46 años y me resultó incómodo. Aún tengo los 25 temas escritos a mano con mucho cuidado. Los he olvidado casi todos. Recuerdo que había uno de pirimidinas.

Llegó el día. No se presentó nadie más. Me encerraron con llave en la biblioteca donde estaban todos los libros en los que estaban basados todos los temas. Y me volvieron a buscar pasadas tres horas. Me aprobaron.

Me dieron una mesa en el despacho 305 con Carlos Corral, Salvador Vega, Jaime Lissavetzky, Alberto Sánchez Álvarez-Insúa y Vicente Gómez Parra. Carlos me dio unas hojas de papel y unos lápices y me dijo "no te puedo dar nada más porque no hay ni para éter". Yo regresé con unas 325 publicaciones de mis años en Montpellier y Marsella (13 al año en promedio). Había en el ambiente un pensamiento no verbalizado "Ahora vas a ver lo que es publicar en España".

Ya desde el principio el grupo de la UNED, Rosa Claramunt, Pilar Cabildo, Dionisia Sanz, Concepción López y Dolores Santa María, cuyo edificio aún no estaba acabado, se instalaron en el laboratorio 311, con permiso del director. Algunas de ellas fueron nombradas doctoras vinculadas al CSIC.

Poco a poco se fueron estableciendo colaboraciones con muchas universidades españolas y extranjeras, incluidas con Francia. El resultado puede considerarse satisfactorio.

Naturalmente todo esto no hubiera sido posible sin gobiernos que creyesen en la investigación como fuente de riqueza nacional. En 1983 a petición del presidente del gobierno, los tres vicepresidentes del CSIC, el nuevo secretario general y yo, fuimos una mañana a Moncloa. Entre los muchos temas, recuerdo que Felipe González nos preguntó:" ¿Esos cuatro Institutos de Materiales que vamos a crear y que tanto dinero van a costar, nos van a permitir que paguemos menos patentes?" La pregunta puede parecer un poco ingenua pero traduce como la sociedad percibe nuestro trabajo.

Sigo en el IQM y sigo feliz. Siempre, sin ninguna excepción, he recibido de todas las directoras y directores de este instituto un trato privilegiado.

Han ocurrido tantas cosas.

He seleccionado un par de anécdotas.

El CSIC se creó, en primera aproximación, en Burgos en 1939. Fue su primer presidente José Ibáñez Martín que también era ministro de Educación mientras José María Albareda, sacerdote y miembro del *Opus Dei*, fue su primer secretario general. El que gobernaba el CSIC era el Secretario General, hasta nuestra llegada lo era Lucio Rafael Soto.

Cuentan que en 1983, Lucio Rafael Soto, fue un día al Centro del CSIC en Barcelona a dar una charla sobre nuestra institución. Al acabar, abrió un turno de preguntas.

¿Todo eso es muy bonito, pero cuando van a salir plazas?

Muy bien ¿pero cuando se van a convocar oposiciones para acceder a Profesor de Investigación?

No podemos ni pagar las facturas de nitrógeno líquido.

....

Rafael se enfadó, dio un puñetazo en la mesa y gritó estas palabras inmortales *"Que bien funcionaría el Consejo si no hubiera investigadores"*

Esa tensión entre gestión y ciencia, aunque muy atenuada, sigue. La administración quiere una máquina que funcione muy bien, aunque eso lleve tiempo a los investigadores. Los investigadores quieren que la máquina funcione de la manera más sencilla y con los menores cambios posibles.

En el año 2014 se celebró el 75 aniversario del CSIC. En aquellos años, el CSIC dependía del Ministerio de Economía y Competitividad cuyo ministro era Luis de Guindos. Para el acto, celebrado en presencia de los nuevos reyes, el presidente del CSIC, Emilio Lora-Tamayo me invitó a pronunciar el discurso institucional. Me advirtieron que no podía leerlo sin que el ministerio y la Casa Real lo examinaran y, si lo consideraban oportuno, lo corrigieran (¿lo censuraran?).

Entre otras muchas cosas, escribí que al grupo muy reducido de grandes científicos españoles, los Margarita Salas, Antonio García-Bellido, Gines Morata, Avelino Corma, etc. no se les debía exigir que justificaran sus gastos (esto estaba en parte originado por la lata que le estaban dando a Margarita que se había comprado un ordenador diferente de los permitidos). Esa parte fue suprimida.

Pero lo sigo pensando. Creo que ellos, lo que aún viven, y sus sucesores se merecen un trato especial, un trato de confianza. Hay que confiar en las personas. Ya lo decía George Eliot "Las personas casi siempre son mejores de lo que sus vecinos creen".

A los que aun estáis al principio de vuestras carreras científicas quisiera deciros algo. Si queréis entrar en el Consejo para ganar un sueldo modesto pero razonable por trabajar 40 horas con unos horarios acotados y así hasta vuestra jubilación estáis equivocados.

Decía Napoleón que todo soldado francés lleva en su mochila un bastón de mariscal. Todo investigador debe llevar en su ordenador el premio Nobel. Lo más probable es que no lo alcance. Pero también se dice que en la búsqueda del Santo Grial lo más importante es la búsqueda no el encontrarlo.

Dije en el discurso de toma de posesión como presidente del CSIC (año 1983): "El porvenir del CSIC no puede decidirse por un grupo pequeño de personas aún dotadas de la mejor voluntad. El porvenir del CSIC depende de todo su personal y cada uno debe preguntarse, en conciencia, si está contribuyendo debidamente al desarrollo de la investigación científica española. Se puede contribuir indebidamente a esta tarea aun cumpliendo el horario, si se limitan a trabajar rutinariamente, sin inquietud, sin poner en duda sus propias líneas de trabajo. Un investigador digno de ese nombre es una persona que nunca olvida completamente el problema a resolver, que de cualquier actividad que realice, que de cualquier información que reciba, obtiene siempre algún elemento que contribuye a la realización de su proyecto de investigación"

Añado hoy: No es tan sencillo como trabajar más. Cuenta Judson, en su libro «El octavo día de la creación», que Max Perutz (PNQ 1962) le dijo hablando de Jim Watson (PN de Fisiología o Medicina del mismo año): «Parte de su éxito es que nunca confundió trabajar mucho con pensar mucho, siempre se negó a sustituir lo uno por lo otro».

Decía Ortega que el premio Nobel en fisiología o medicina de Cajal (1906) era una vergüenza para España en lugar de un orgullo, porque constituía una excepción.

Quien sabe, quizás alguno de vosotros logre acabar con esa excepción.

Muchas gracias